中国城镇化、工业化进程中农业用水保障对策研究

周祖昊　陈　献　邵薇薇　张瑞美　张献锋　编著

科学出版社

北　京

内 容 简 介

城镇化、工业化的快速发展已经对我国农业用水保障形成严峻的挑战。本书在广泛调研国内外农业用水管理情况的基础上，总结国内外农业用水保障的经验和启示。结合我国农业用水的现状和特点，量化分析近20年城镇化、工业化快速发展进程与农业用水变化之间的关系，深入剖析城镇化、工业化发展对农业用水的影响原因，预测未来农业用水变化的趋势，分析未来城镇化、工业化进程对农业用水保障形成的挑战。在借鉴国内外农业用水保障经验的基础上，立足于当前我国城镇化、工业化进程不断加快的新形势，提出我国城镇化、工业化进程中农业用水保障的机制框架、政策建议和保障措施。

本书可为从事水资源、农田水利、农业等领域的管理、技术和研究人员提供借鉴，也可作为大专院校学者和研究生的参考书。

图书在版编目(CIP)数据

中国城镇化、工业化进程中农业用水保障对策研究／周祖昊等编著. —北京：科学出版社，2016.1

ISBN 978-7-03-045785-1

Ⅰ.中…　Ⅱ.周…　Ⅲ.农田水利-研究-中国　Ⅳ.S279.2

中国版本图书馆CIP数据核字(2015)第225196号

责任编辑：吕彩霞／责任校对：邹慧卿
责任印制：徐晓晨／封面设计：无极书装

科学出版社 出版
北京东黄城根北街16号
邮政编码：100717
http://www.sciencep.com
北京教图印刷有限公司 印刷
科学出版社发行　各地新华书店经销
*
2016年1月第一版　开本：720×1000　B5
2016年1月第一次印刷　印张：13 1/4
字数：270 000
定价：99.00元
（如有印装质量问题，我社负责调换）

编写组名单

主　　编: 周祖昊　陈　献

副 主 编: 邵薇薇　张瑞美　张献锋

编写组成员: 曹小磊　刘海振　窦相璞　高晓薇
刘佳嘉　严子奇　桑学锋　牛存稳
尤庆国　朱厚华　沈　正　陈晓群
陈向东　王亚杰　褚俊英　王明娜
郝　静　黄　昊　罗占兴　唐　明
蔡静雅　刘　琳　李　佳　徐勇俊
温祖梁　牟　舵　张亚鹏

前　　言

水利是农业的命脉,我国75%的粮食产自灌溉农业,保障农业用水是保障粮食安全的基石。近年来随着我国城镇化、工业化进程的快速推进,一些地区水资源供需矛盾突出,挤占农业用水现象时有发生,农业用水受到污染的问题也很严重,给农业用水带来了严峻的挑战。国民经济和社会发展“十二五”规划纲要提出,未来一个时期是我国快速推进城镇化、工业化的重要时期,也是农业现代化发展的关键时期。党的十八大报告也指出,要“促进工业化、信息化、城镇化、农业现代化同步发展”。在城镇化、工业化和农业现代化“三化”协调发展过程中,如何确保农业用水安全,进而保障国家粮食安全,成为当前和未来一个时期的重要任务。因此,深入分析城镇化、工业化进程对农业用水带来的影响,提出城镇化和工业化进程中农业用水保障对策,具有十分重要的意义。

水利部历来对农业用水保障的问题高度重视。为全面贯彻落实《中共中央国务院关于加快水利改革发展的决定》《国务院关于实行最严格水资源管理制度的意见》和中央水利工作会议精神,在2013年水利部重大课题中安排了“城镇化、工业化过程中农业用水保障对策研究”(水重大2013-2)课题,通过公开招标,确定由中国水利水电科学研究院和中国水利经济研究会联合承担研究任务。根据招标文件和委托合同的要求,本课题的研究任务是:立足于我国城镇化、工业化加速推进的新形势,以水资源支撑农业的可持续发展为目标,分析我国城镇化、工业化进程中农业用水面临的主要问题,总结国内外典型地区城镇化、工业化进程中保障农业用水的经验做法,研究建立我国城镇化、工业化进程中农业用水保障机制框架,并提出相应的对策措施与政策建议。

本书是课题成果的总结和凝练。全书分三篇,共十九章。第一篇为典型国家或地区农业用水保障调研,分发达国家、发展中国家或地区分别选取了6个典型国家或地区，总结了相关农业用水保障的经验和启示。该篇由四章构成，其中第一章由张献锋、张瑞美编写，第二章由张瑞美、张献锋、尤庆国、王亚杰编写，第三章由张献锋、张瑞美、尤庆国编写，第四章由张瑞美、张献锋、陈献编写。第二篇为中国典型地区农业用水保障调研，根据区域水资源条件和城镇化、工业化程度选取了7个典型省（市），调研总结了各省（市）农业用水保障的经验和存在的问题。该篇由九章构成，其中第一章由周祖昊、邵薇薇、张瑞美编写，第二章由张瑞美、张献锋、陈献、朱厚华、郝静编写，第三章由邵薇薇、罗占兴、陈晓群、曹小磊、刘海振、张瑞美编写，第四章由张献锋、张瑞美、尤庆国、朱厚华、王明娜编写，第五章由邵薇薇、高晓薇、陈晓群、曹小磊、刘佳嘉、张瑞美编写，第六章由张献锋、张瑞美、陈献、尤庆国、严子奇编写，第七章由邵薇薇、唐明、沈正、桑学锋、褚俊英、刘海振、张瑞美编写，第八章由邵薇薇、沈正、牛存稳、曹小磊、刘海振、张瑞美编写，第九章由邵薇薇、周祖昊、张瑞美编写。第三篇为城镇化、工业化进程中农业用水保障对策研究，量化研究了我国城镇化、工业化快速发展进程与农业用水变化之间的关系，深入分析了城镇化、工业化进程对农业用水的影响因素及挑战，提出了农业用水保障的机制框架、政策建议和保障措施。该篇由六章构成，其中第一章由周祖昊、邵薇薇、陈献、张献锋、黄昊撰写，第二章由邵薇薇、周祖昊、曹小磊、刘海振、窦相璞、陈向东撰写，第三章由周祖昊、邵薇薇、高晓薇、严子奇、刘佳嘉、窦相璞撰写，第四章由张瑞美、张献锋、邵薇薇、周祖昊撰写，第五章由周祖昊、邵薇薇、桑学锋、牛存稳、曹小磊、刘海振撰写，第六章由周祖昊、邵薇薇、张献锋、张瑞美撰写。全书由周祖昊、陈献统稿，所附图表由邵薇薇、刘海振、曹小磊整编，温祖梁、牟舵、曹小磊、李佳、刘海振、张亚鹏、刘琳、徐勇俊、蔡静雅等参与编校工作。

在课题研究和本书写作过程中，得到了水利部农村水利司倪文进副司长、冯广志司长（原），水利部发展研究中心杨得瑞主任和段红东副主任、黄河副主任、钟玉秀处长、姜斌处长，财政部农业司吕恒心处长，国家发展和改革委员会宏观经济研究院刘颖秋研究员的关心、支持和悉心指导，得到北京市水务局、江苏省水利厅、宁夏回族自治区水利厅、四川省农田水利局、四川省都江堰管理局、吉林省农村水利建设管理局、长春市水利局、南昌市水务局、宁夏回族自治区唐徕渠管理处、长春市石头口门水库管理局、河北省黄壁庄水库管理局、河北省岗南水库管理局、河北省石津灌区管理局、江西省赣抚平原水利工程管理局等部门和单位的大力支持，得到中国水利水电科学研究院水资源研究所仇亚琴教高的热情帮助，在此表示深切的谢意和由衷的敬意！王浩院士对本书的出版十分关心，还提出了具体的修改意见，特此表示感谢！感谢中国水利水电科学研究院流域水循环模拟与调控国家重点实验室和水利部重大课题(水重大 2013-2)对本书写作和出版提供的资助和大力支持！

受时间和作者水平限制，书中难免存在疏漏之处，恳请读者批评指正。

作　者

2015 年 8 月

目　　录

第一篇　典型国家或地区农业用水保障调研

第二篇　中国典型地区农业用水保障调研

第三篇　城镇化、工业化进程中农业用水保障对策研究

第一篇

典型国家或地区农业用水保障调研

第一章　概　　述

在城镇化、工业化发展过程中同步推进农业现代化，是世界各国推动农业发展的普遍做法。农业用水是农业生产不可缺少的物质资料，是促进农业生产、提高农业产出效率的必要条件。农业用水关系到粮食安全、生态安全和水资源安全，确保农业用水具有十分重要的战略意义。

农业灌溉用水的重要性使其成为世界各国在发展现代农业中必须重视的问题。各国先后采取了许多措施和方法来保障农业用水，提高农业用水效率。保障农业用水必须从多方面入手，包括确立农业用水水权、完善农业灌溉工程设施、加强灌溉工程的运行管理、发展农业节水灌溉，同时还涉及农业水价改革、用水管理体制改革等。世界上农业灌溉发达的国家如美国、以色列、意大利等都是根据各自的国情，综合考虑社会、经济、资源、环境因素，利用政策、管理、工程、技术等，手段将流域、灌区和田间的管理、工程和农艺节水措施很好地结合起来，使农业灌溉获得可持续的发展。

由于各国在经济发展水平、农业生产方式、水资源禀赋条件等方面各不相同，保障农业用水的具体做法也各不相同。为了多方面了解国外农业用水保障的有效做法和成功经验，本书将国外典型案例分为发达国家、发展中国家或地区两类，发达国家选取了以色列、意大利、美国，发展中国家或地区选取了我国台湾地区、智利、土耳其，梳理并分析了这些国家或地区保障农业用水的总体情况和典型灌区保障农业用水的措施，总结了国外经验对我国农业用水保障的启示。

第二章 发达国家

第一节 以 色 列

一、基本情况

以色列是土地贫瘠、水资源奇缺的国家，年均降水量约200mm，在沙漠地区更少，仅为25~50mm；全国人均水资源量为270m^3，不足世界的3%。全国90%的土地是沙漠，一半以上的地区位于干旱和半干旱地带。国土面积约为21 000km^2，只有沿海的狭长地带和内陆的几个谷地适合农耕。以色列濒临地中海，但其气候主要受东南部沙漠地带的影响，属于典型的地中海气候，即“夏季炎热干燥，冬季温和多雨”。降水量由东北向西南递减，东北部年平均降水量为400~800mm，西南部几乎为零。因此，约60%的地区农业生产终年需要人工灌溉，即使在东北部降水量相对较高的地区，4~10月夏季作物也需要人工灌溉。

以色列拥有耕地42.5万hm^2，其中水浇地面积19.3万hm^2。全国人均耕地只有0.06hm^2。尽管自然条件不利于农业生产，但是自建国以来，经过60多年的努力，其农业已经发展到一个相当高的水平。1948年以来，耕地面积增加了约1.6倍，灌溉面积从3万hm^{2}扩大到23.1万hm^2。以色列的经济结构具有发达国家的典型特点，农业在以色列国内生产总值（gross domestic product，GDP）中的比重很低，从20世纪50年代的60%下降到2010年的1.9%；2010年农业从业人员6.1万人，仅占全国总人数的0.87%。

二、保障农业用水的做法

（一）制定法规，从根本上保障农业用水

1948年以色列建国之初，水的问题就被列为国家的头等大事。1959年以色列通过了《水法》，规定所有水资源都是国家财产，由国家控制，为居民和国家发展的需要服务。根据《水法》，以色列建立了国家水利委员会，负责制定水利政策、用水计划和配额、水资源的开发、海水淡化、废水循环利用、防止污染等

工作。除了《水法》以外，以色列还制定了《水计量法》《水井控制法》《经营许可法》等一系列法律、法规，并予以严格执行。正是这些在国家层面上的法规建设，为以色列在农业用水和水资源开发利用方面的严格管理提供了强有力的保障。全国从上到下，形成了十分完善的管理制度、技术规范和工作流程，这些管理制度和管理措施在国家水利发展中发挥了十分重要的作用。

（二）加强农业用水工程建设和管理

1950年，以色列政府成立了国家水规划公司，其主要任务就是负责国家和地区性主要水利工程的设计。为了实现水资源在国家范围内的统一调配和系统管理以及运行的灵活方便，使水从多水的北部地区输送到缺水的南部地区，或在地区间互相输送，并实行地表水和地下水的联合运用，以色列对供水系统进行了总体规划，将所有水资源考虑为一个综合系统，建立了国家输水工程。该工程主渠道由直径为178~274cm的预应力混凝土管道组成，每年将约4亿m^3的水量从低于平均海平面212m的基内雷特湖提升到海拔152m的高程，然后自流到海滨平原；中部山区和南部地区由泵站加压输送。各地抽取地下水的水井也与国家输水工程联网，由国家输水工程进行统一调配。输水工程输水到地方系统后，地方系统进一步从主系统分别供水到每一个用户。国家输水工程峰值输水量为$20m^3/s$，工程包括提水泵站、管线、渠道、隧道和调节水库等。工程于1953年动工，1964年建成，主管线长度130km，工程投资按当时价格为1.47亿美元。

为了加强用水管理，以色列成立麦考罗特公司，其职责是负责水利工程的建设和从国家供水网中供水到市政部门、地方委员会、农业安置区及私人企业等。麦考罗特公司对水的收费标准与水的用途有关，并根据政府制定的价格政策对不同用水部门有较大的差异。私人和公司被授权后也允许开发当地水资源，其配额根据当地水文地质条件和国家有关政策而定。地方市政部门再将价格提高到经批准的额度配给消费者，增加后的价格包括运行费、供水和污水处理及污水系统的维护费用等。

以色列建立的农业生产形式主要是莫沙夫或基布兹。莫沙夫是一种合作农庄，由80~100个分散家庭组成，每户拥有300~350hm^2土地。麦考罗特公司把莫沙夫作为一个单位供水，莫沙夫委员会负责将水输送给每个农民，并负责监测水资源的使用情况。基布兹属于另一种安置形式，是一种集体农庄。一般由150~400个家庭组成，每户按300~500hm^2土地安置。麦考罗特公司也将基布兹作为一个单位供水，由每年选举产生的基布兹管理委员会负责对不同部门的用水进行管理。政府通过麦考罗特公司对国家供水网进行运行和管理，并按季节和月份配额将水及时并有保证地输送给用户。同时，麦考罗特公司下设许多管理服务公司，主要负责每两月读取一次水表数据，以监测用户执行用水配额情况，并将读取的数据输入计算机；分析每个用户的用水时间、用水量和水费等，以便用户交费。此外，管理服务公司还负责网络的正常维修工作，包括损坏或漏水管道的更换及闸阀、空气阀、水泵、电机、水井和电子设备的维护等。麦考罗特公司成立后努力扩展其业务范围，到 2001 年已控制了以色列全部水资源的 2/3 以上，其余的部分由市政部门和私人用户管理。市政部门从麦考罗特公司收到供水，在政府供水网给水栓以下，规划和建设各自的配水网络，并负责将水输送给每个农民或用户。他们受麦考罗特委托，将批准的用水配额（每两个月为一个时段）供给用户，并监测输送情况。农田的用水配额也是按每两个月为一个时段，分配到各个农户。

国家供水网和地方供水网实行分权管理。政府给水栓以下网络的维修由基布兹、莫沙夫或市政部门负责，正常的维修由当地人员负责，但费用超过 20 000 美元的工程，通常由私人承包商投标或公共招标来建设。在莫沙夫内的私人农田和农民间偶尔也有用水配额的转让，但村庄间或基布兹间的转让不多，且需要管理部门批准。

（三）大力发展高效节水农业

以色列政府十分重视农业节水，建国以来，以色列长期不懈开发推广节水新技术，在节水灌溉方面取得了举世瞩目的成就。以色列每年可用水资源约为 20 亿 m^3，农业是用水大户，占全部用水量的 60%~70%。节水灌溉技术已从简单的喷灌逐步发展到目前全部采用计算机控制的水肥一体喷灌、滴灌和微喷灌、微滴灌，不但节省了宝贵的水资源，还大幅度提高了农作物的产量和品质，经济效益显著提高。以色列在节水方面的主要措施有：第一，循环利用污水资源。以色列是世界上循环水利用率最高的国家，每年处理后用于农业生产的污水约为 2.3 亿 m^3，且该数字还在不断增长，处理后的污水利用率已达 70%，居世界首位。通过使用循环水，不仅节约了水资源，还有利于改善生态环境。第二，利用微咸水。以色列南部沙漠的微咸水被用于农田灌溉，由此生产的西红柿和其他蔬菜、水果的品质，甚至优于淡水灌溉生产的产品。第三，推广多种形式的灌溉技术。以色列很早就采用了压力喷灌技术，根据农业生产者提供的土壤和农作物类型的田间数据，灌溉设备开发商就可以向农户提供符合水质要求、适于此类用水的过滤器、能防止残余物堆积和堵塞的合适的化肥、最佳的灌溉方法以及其他客户需要的信息等。20 世纪 60 年代后期，又开发了滴灌技术，其滴灌设备每小时可供水 1~20L 不等，最高水利用率可达 95%，非常适用于精细种植。近些年来，以色列又相继开发了埋藏式灌溉技术、喷洒式灌溉技术、散布式灌溉技术等节水灌溉技术。第四，收集和利用雨水。由于淡水资源十分珍贵，以色列因地制宜地在各地修建各类集水设施，尽一切可能收集雨水、地面径流和淡水，供直接利用或注入当地水库或地下含水层。从北部戈兰高地到南部内盖夫沙漠，全国分布着百万个地方集水设施，每年收集1亿~2亿m^3的水。

（四）对农业用水水费实行优惠政策

以色列的农业灌溉水费不仅考虑经济方面，还考虑工程建设移民和农业安置等各个方面，农民农业土地的数量和其应得到的供水量根据政府政策确定。

以色列水资源使用的成本被分为三种类型。其中，低价格水包括浅井水和输配水投资较低的地表水，费用为0.10~0.15美元/m^3；中价格水包括深井水和提水、输配水投资较高的地表水，费用为0.30~0.80美元/m^3；高价格水包括提水扬程较高和咸水淡化的水，费用高于0.80美元/m^3。

为鼓励农业节水，用水户所交纳的水费用是按照其实际用水配额的百分比计算的，超额用水加倍付款，利用经济法则强化农业用水管理，促进农业节水灌溉。对配额水量50%以内的用水按正常价收费（0.1美元/m^3），其余的50%将提高水价收费（约0.14美元/m^3）；对于超过配额用水10%以内，定价为0.26美元/m^3，超过配额10%以上的用水水价为0.5美元/m^3。此外，为了节约用水，鼓励农户使用经处理后的城市污水进行灌溉，其收费标准比国家供水管网提供的优质水价低20%左右，差价部分由政府补贴。

政府给水栓以下，用户管理组织（市政部门、基布兹等）依法负责将水利委员会制定的月用水配额输送到用户给水栓。这些配额每年约在灌溉季节前两个月，由水利专员连同对每一类用户（农业、工业、市政部门）用水详细的价格及分级提价价格一起颁布。在政府水价发布后，农民有足够的时间从价格和水量两个方面考虑，制定出他们的季节种植计划。输送到政府给水栓的水量由麦考罗特公司监测，输送到每个用户的水量由有关的管理组织（市政部门、莫沙夫、基布兹）监测。按分级提价系统，超过配额的用水最高可达到配额水价的3倍。这种对超额用水和浪费水的经济惩罚，对限制用户将用水量维持在他们的配额以内是有效的。

第二节　意　大　利

一、基本情况

意大利位于欧洲南部，人口约6148.2万人，国土面积301 338km^2，包括亚平宁半岛及西西里、撒丁等岛屿。全境可分为4个不同的地形区：阿尔卑斯山地、波河平原、亚平宁山地和丘陵、西西里岛和撒丁岛。全国山区面积约为

35%，丘陵区42%，平原区23%。意大利是工业发达的国家，以钢铁、石油化工、机械制造（汽车、造船、飞机）最重要，其次是纺织、食品加工等。意大利还是传统的农业国，其农牧产品自给有余并出口。

意大利为典型地中海型气候，水热不同期，冬季阴冷多雨，夏季炎热干旱，即作物生长季节雨量较少。境内主要有波河、台伯河等，各地年降雨量分布不均，东北部和中部少数地区雨量比较充沛，年降雨量超过1000mm，中部和北部的大部分地区的年降雨量约900mm，东南部地区、西西里岛的年降雨量约500mm，撒丁岛大部分地区的年降雨量小于400mm。意大利水资源总量约1910亿m^3，其中70%入海。

1998年意大利人均水资源占有量为3330m^3，年用水量约425亿m^3，其中生活用水80.76亿m^3，农田灌溉201.87亿m^3，工业用水142.37亿m^3。意大利水资源及用水情况见表2-1。

表2-1 意大利水资源及用水情况表

类别	单位	数量
本地水资源量		
本地地表水资源	亿m^3	1710
本地地下水资源	亿m^3	430
地表水地下水重复计算部分	亿m^3	310
本地水资源总量（地表+地下-重复）	亿m^3	1830
人均水资源量	m^3	3177
自然可更新水资源（包括其他国家流入）		
水资源总量	亿m^3	1910
人均水资源量	m^3	3330
用水量统计（1998年）		
总用水量	亿m^3	425
人均用水量	m^3	730
用水量占时间可更新水资源的比	%	21.90
按部门用水量		
农业	亿m^3	201.87
工业	亿m^3	142.37
生活	亿m^3	80.76

意大利灌区面积约400万hm^2，其中由国家管理的灌区约为240万hm^2，实际灌溉面积约160万hm^2，大部分在意大利北部地区。随着经济发展，种植结构的改变和气候的变化，实际灌溉面积正逐步增加。意大利北部地区较干旱，水利

灌溉发展较早，主要是利用地表水进行灌溉（淹灌或畦灌）。因经济发展和技术水平提高，主要采用管道引水和喷灌配水，55%的灌溉面积为自流灌溉（或淹灌），另外45%的面积为喷灌或滴灌。

意大利的阿韦扎诺区位于意大利中部，是意大利的主要农业区。该区年降雨量约为800mm，年内分布较均匀，主要为秋、冬、春三季，夏季则干旱少雨。阿韦扎诺区大部分为山区，缺少平地。为了提高农业生产的效益，从18世纪起，人们就开始寻找可用于耕作的农田。富齐诺（湖）盆地四周环山，春季融雪加雨水经常使得该地区发生山洪和内涝，为了排洪排涝，保护农田，人们逐步修建了完整的排水工程体系，排泄山洪和涝水。进入20世纪，随着农业的进一步发展，人们开始利用原排水工程进行农田灌溉，现已形成排灌结合的工程体系。随着不断的开发，富齐诺湖农业区现有耕地16 000hm^2。

二、农业灌溉用水管理

20世纪70年代以前，富齐诺湖农业区以种植粮食作物为主，由于该区年降雨800mm，年内分布较均匀，自然条件良好，使作物一般不需要灌溉。随着社会发展和市场需要，该区农业种植结构发生了巨大变化，整个区域作物结构以经济作物为主，需要通过灌溉提高产出。富齐诺湖农业区夏季干旱少雨，上述作物在夏季需灌水1~2次，每年灌溉用水总量约1000万m^3，夏季用水量占全年总用水量的80%。通过灌溉，作物产量明显提高，单位产值提高约140%，目前主要作物土豆的产量达到4000kg/hm^2，胡萝卜8000kg/hm^2。产量的提高，使当地政府和农民越来越重视农田灌溉。随着经济实力的增强和科技的发展，人们也越来越注重在灌溉中采用新技术，逐步实现灌溉设备和管理的现代化。因富齐诺湖农业区的排水体系已渠网化，考虑到地形平坦，当地政府为了减少占用有限的土地，利用现有的排水工程作为灌溉骨干工程的干支渠，将灌排结合起来。该区灌溉水水源为排水渠网和调蓄水池内的地表水；由于土质条件较好，地下水位高，灌溉骨干工程均没有衬砌，渠道的渠系水利用系数大于0.55，满足设计要求。田间采用半固定式喷灌系统，主要喷灌设备有绞盘式、双悬臂式、纵拖式、滚移式和平移式喷灌机。这些设备投资较大，农民个人难以承受，在意大利通过称作“孔索兹”的机构投资购置，农民联合使用，以发展灌溉。“孔索兹”是以1933年法律为基础成立的一个农民志愿者协会，通常是义务性的，它具有法人资格，以保障农民的利益，达到防护、保持土地并使之增值的目的。目前富齐诺湖农业区灌溉面积已达到耕地面积的62.5%。

三、灌 区 管 理

富齐诺湖农业区的排水体系在19世纪已基本建成，经过不断地改建、配套和完善，现已形成完整排水工程体系。灌溉工程体系的骨干工程利用排水体系的工程，当地政府每年投资对排灌明渠、泵站、闸门等公共设施进行维护和日常管理，保证将洪水和内涝水排出，将灌溉水送到田间（用水户）；田间灌溉工程和设施由农民或民间组织投资建设，一般由“孔索兹”机构负责。

在意大利，国家或地方政府承担骨干工程设施和管理维护的费用，田间工程设施和管理维护费用由农民自己承担。现代化的灌溉工程设施投入大，农民个人难以承受，意大利全国通过“孔索兹”民间机构，保证所有公共和私人工程（水利工程中的排水工程、灌溉设施和道路等）的建设、维修和运行，以发展大面积的节水灌溉。“孔索兹”具有经营自主权，其模式是农民自己帮助自己，从技术援助到市场分析、销售等，使每户农民做到种、产、收有方向、有成效，最终有经济效益。目前意大利的喷、滴灌技术含量高，设备先进，控制面积大，通过“孔索兹”模式给农民提供技术援助和指导，使农民能够使用先进技术和设施，既节省了国家投资，又为农民解决了个人问题，调动了农民的积极性。

意大利农业灌溉主要由国家灌排委员会组织管理。据统计资料，截至2010年，意大利可灌溉面积390万hm^2，国家灌排委员会管理的达到了330万hm^2，占83.6%。在国家灌排委员会管理的330万hm^2灌溉面积中，节水灌总面积234.3万hm^2，约占实际灌溉面积的71%，包括喷灌面积168.3万hm^2，微灌面积66.0万hm^2。根据统计资料，意大利有效灌溉面积约160万hm^2，灌溉运行费用总支出约45 000~190 000里拉/hm^2，中部、南部和岛屿的灌溉费用高于其他地区，总支出约135 900里拉/hm^2。中部地区实施征收灌溉费的地区，灌溉水费的收入不能补偿灌溉成本，亏损部分由地方政府进行补贴，其他差额由孔索兹出资承担。

富齐诺湖农业区目前没有征收灌溉费和水资源费，公共灌排设施管理中每年的人员和劳动力开支、抽水能源开支、日常维护费用和附加开支等由国家或地方政府承担；田间工程由农民投入，日常维护和其他附加费用由“孔索兹”承担；政府每年向农民征收水权使用税。“孔索兹”帮助农民分析市场，定期公布种植结构调整指导意见，使农民随时掌握市场动态，给农民提供农产品技术援助。近几年随着种植结构的调整，经济果林种植面积的扩大，富齐诺湖农业区的灌溉面积不断增加，灌溉期用水越来越紧张。加之灌区运行管理维护费用不断增加，因此当地政府增加了设施设备的投入，将部分喷灌改为滴灌，以促进节约用水。同时，当地水行政主管部门正在进行不同作物最佳需水量的预测，以指导农民开展经济灌溉，达到灌区最优配水。

四、节水灌溉

由于水资源相对不足，意大利政府一直很重视节水灌溉。在各个地区修建了比较完善的灌溉基础设施，包括水坝、水库、泵站、输水管道等，充分利用地表水和地下水资源，并结合各种喷灌、微灌等节水灌溉设备设施，推广节水灌溉技术。自20世纪60年代意大利从美国和以色列引入喷灌、微灌技术和设备以来，其灌溉技术和设施有了很大的进步和改善，灌溉系统正逐步从传统的自流灌溉转向加压灌溉、施肥灌溉，喷灌和微灌技术已得到较为广泛的应用。

随着工业的发展和科学技术的进步，意大利在积极挖掘水资源的同时，不断开发出新的农业节水灌溉技术与方法，并推广到农业生产中。主要采取了以下农业节水措施和技术。

一是不断增建集水设施，最大限度地收集和储存雨季的天然降水资源，以便在农耕时期用于生产种植。

二是推广使用压力灌溉技术和方法。压力灌溉包括喷灌和滴灌两种方式。意大利的农业灌溉技术经历了从大水漫灌到沟灌、喷灌和滴灌的几次革命，每次革命都是农业节水灌溉技术的一次大飞跃。近些年来，意大利从滴灌技术中又派生出埋藏式灌溉以及喷洒式灌溉、散布式灌溉等灌溉方式。依靠这一整套节水灌溉制度与措施，提升了意大利农业生产的效益和质量。

三是净化污水灌溉。除了采用节水灌溉新技术和新设备实现农业高效用水外，采用净化生活污水用于灌溉，也是实现高效农业的一种手段。意大利在中部和南方一些沿海城市，对净化生活污水用于灌溉进行了多年的研究试验，发现大规模将经净化处理的城市生活污水用于灌溉，不仅可以降低污水处理厂的成本，增加灌溉水资源，而且能增加土壤养分吸收和土壤肥力，提高作物产量，减少污水排放对环境的污染。

第三节　美　　国

一、基本情况

美国拥有耕地面积1.92亿hm^2，灌溉面积2500万hm^2，其中喷灌面积达到800万hm^2。美国联邦政府负责农业灌溉的管理机构有三个部门，即内务部垦务局、陆军工程兵团和农业部自然资源保护局。在地方政府（包括州、县）内，农业用水涉及水管理委员会或水管理局以及灌区等。这些机构之间紧密配合、密切合作，为美国灌溉农业的发展做了大量卓有成效的工作。

美国联邦政府为了发展灌溉农业，特别是解决干旱缺水地区（尤其是中西部地区）的农业灌溉问题，长期以来采取了一系列优惠政策：在工程计划方面优先安排灌排工程项目。在1902~1991年的89年间，联邦政府通过内务部垦务局完成了106亿美元的水利工程的补助性投资，其中20亿美元为灌溉设施投资。其次，对于农民修建的灌溉工程给予贷款扶持。对于一些农民急需而又缺乏资金的工程，只要农民提出申请，联邦政府会迅速提供必需的长期无息贷款或低息贷款，偿还期限为40~50年，年利息为3%。农民在还清全部贷款后，其产权则归农民所有，这样既提高了农民兴建水利工程的积极性，又促使农民管好用好水利工程，建立起良性循环的灌溉工程建管机制。再次，建立灌溉工程建设补贴机制。为了鼓励农民兴建水利工程，联邦政府通常采取向农民补贴的办法建设灌溉工程，一般补贴额为工程总投资的20%。最后，在税收方面，联邦政府也采取了优惠措施。水利工程免交税赋，并可获得所征收的财产税中的一部分收入用于偿还水利贷款，使工程做到了按照合理的水价征收水费，达到收支平衡，良性运行。

二、农业灌溉管理

（一）灌溉管理组织

美国的灌溉管理组织形式以股份制灌溉公司为多，由各级（相当于干、支、斗渠或行政区划上的州、市、县、乡级等）董事会及其聘用的经理班子负责经营管理。灌区行业管理方面有用水者协会，负责行业管理、信息交流、技术培训与服务，协调和监督水的调度及有关水法水规章制度的制订与执行。对跨流域的大型或重点工程，各级政府水利工程管理局负责协调、指导、监督和服务。

灌区管理协会作为介于农民和政府之间的组织，主要管理大型灌区，负责水源工程管理及干渠的跨流域供水及调度。协会下每个灌区都设管理组织，各级组织都设董事会。董事会下设执行机构，负责管理农户供水的日常工作。

用水者协会作为美国农村的基层灌溉管理组织，是一种民间的用水者自己的管理组织，负责田间灌溉用水的管理，也负责本区域灌溉工程的建设、运行和经营管理，在经济上实行“自负盈亏、保本运行”。用水者协会是一种经济自立型组织，具有法人地位，代表用水农户的利益，参与灌区管理，对于所投资兴建的灌溉工程拥有财产所有权。

（二）灌溉管理体制

美国的灌溉管理体制是一种统一管理与分级分部门管理相结合的管理体制。

在联邦政府一级设有农业部农村水利局、垦务局、灌溉协会等部门和单位，统一灌溉工程的规划、建设和管理、协调；美国陆军工程兵部队也参与重大工程的建设施工。各州、市（县）级政府根据需要设置水利工程管理局、灌溉协会或灌溉公司，分级管理农业灌溉工程。这种体制是建立在以企业为主体的运行机制之上的。灌溉工程实行“分级建设、分级管理”。水库及干、支、斗渠等工程设施按照“建管合一”的模式进行，责任明确，权属清楚。各地各级灌区管理普遍实行董事会制。董事会成员不拿公司的工资，只是参与决策和监督等管理工作。董事会下设执行机构和部门，公司职员实行聘任制。

（三）灌溉管理运行机制

美国的灌溉管理运行机制是一种以股份公司为主体的企业型管理运行机制，辅以少量的事业性单位企业型管理，水权和水费是美国灌溉管理运行机制的核心。在这种运行机制下，水权是在工程规划或筹建阶段依据出资数额按照一定法律程序确定的，水权可以买卖，可以转让。农业灌溉水价形成机制相对也是比较灵活的，根据供需变化和市场情况，并经过一定法律程序并获得用水户的认可。水价核定的原则是接近完全成本水价，政府不过多干预水价，主要由市场决定。水价核定要以供水成本为依据，成本核算要公开，账务要公开，接受用水户的监督。

灌区建设与管理资金的筹措及还贷按照“谁受益、谁负担”的原则，实行多渠道多方式多元化的建设投资机制。筹资方式主要有集资、贷款、发放债券及使用建设基金等，用户和灌溉水批发商负责筹资、借贷和还贷，政府不包揽还贷。

在灌溉工程运行管理机制中，灌区管理的各级董事会发挥着很重要的作用。董事会负责水管理中重大事项的决策及协调，并决定经理及工作人员的聘任与否。各灌区参与管理的代表由用水户直接选举，董事长、经理及工作人员要对广大用户负责。这种灌区管理运行机制体现了“公平、公正和竞争”的原则，促进了灌区管理良性运行。

（四）灌溉管理法规制度

为了保护农业灌溉用水和防治水土流失，美国从联邦和州两个层面建立了完善的法律保护体系。联邦涉农用水的主要法律有：1936 年的《防洪法》、1939 年的《农业拨款法》、1953 年的《水土保持法》、1954 年的《农业保护和防洪法》、1956 年的《食物与农业法》、1969 年的《自然资源保护法》、1970 年的《国家环境质量法》、1973 年的《公共法》、1977 年的《水土资源保护法》、《清洁水法》、1987 年的《水质法》、1990 年的《污染防治法》，等等。其中，《污染防治法》对农业灌溉用水“全过程控制”的源头治理作了详细规定；《清洁水法》建立了完善的农业灌溉用水法律事实机制，注重运用经济手段和市场机制刺激农业灌溉水污染防治。同时，美国各州还根据本地的实际情况，通过地方立法完善农业灌溉用水保护。如加利福尼亚州1990年制定的《有效用水管理法案》，在农业用水、环境用水和其他用水之间制定了动态有效的水管理方案。美国在农业灌溉用水保护方面建立了一套完善的法律法规体系，不仅明确了政府机构和公民对农业灌溉用水保护的权利、义务和职责，而且有效地保护了农业生态环境。

三、农业用水管理的经验

（一）明晰农业用水水权

水权是由法律确认或授予的水的使用权和处置权，是一种财产权利。水权可以继承，可以有偿出售转让，有的地方还可以存入“水银行”，这对用水者具有极大的经济激励作用。美国是实行水权较早的国家，水资源分配是通过州政府管理的水权系统实现的。以科罗拉多河为例，20世纪30年代，内务部垦务局在科罗拉多河上修建了库容达422亿m^3的胡佛水库。同时在下游地区修建了几个较大的引水灌溉工程，如考契拉水利区、伊姆皮里灌区等。当时由联邦政府协调，有关各州达成了分水协议，并得到最高法院的裁决，其中伊姆皮里灌区分到约84亿m^3的水量。当时洛杉矶的人口和规模不像现在这样大，所分得的水量较少。近年来，随着城市人口和经济社会发展迅速，需水量剧增，洛杉矶原分得的水量已不能满足需求。为此，洛杉矶与伊姆皮里灌区于1985年签订了为期35年的协议，灌区将采取包括渠道防渗、把含盐较多的灌溉回归水与淡水掺混后重新用于灌溉等措施节约下来的水量有偿转让给洛杉矶。作为补偿，洛杉矶负担相应的工程建设投资和部分增加的运行费。另外，在科罗拉多州，存在一种在干旱时期暂时转让灌溉水权的选择性合同（option contracts）。城市与农村通过充分协商、谈判，来决定转让的水量和方法以及输水时间和价格等。合同中的条款很重要，它要明晰买卖双方的责任和权利，并且应具有灵活性，最终使双方都能从中获利。

为保障农业灌溉用水，亚利桑那州颁布法律规定，如果城市要使用或购买农村地下用水，必须交纳“地下水经济发展基金”，该基金用来弥补受损失的经济活动。

（二）扶持灌溉农业发展

灌溉工程是支持农业生产的基础设施，发展灌溉农业是联邦、州、县各级政府的一项重点工作。为了发展灌溉农业，联邦政府在内政部专门成立了垦务局，负责灌溉工程的前期工作，包括申报国会列项安排投资，负责灌溉工程的建设招标和管理指导，同时又在丹佛建立了设施先进的综合性灌溉工程研究中心，从事工程的科学试验与设计。美国联邦政府这一系列举措，使农业生产效益不断提升。

（三）灌区实行民主管理体制

灌溉工程受益范围内的农户通过民主选举产生董事，每个用水户都有资格参加竞选，董事人数也由用水户民主议定。由董事组成的董事会是灌区管理的决策机构。董事会研究表决总经理提出的灌区年度运行和维护费用的预算、年度用水量和水价的测算等重大事项，受聘的总经理具体负责灌区管理业务。灌区管理组织对外称公司，实际上属非营利性质，联邦、州和县级政府对它都不征税。灌区建设时就考虑到多目标建设、一体化管理的机制，建成运行后，实行财务统一，按效益分摊费用。

（四）供水水权可以有偿转让

灌溉骨干工程的产权在偿还联邦政府贷款后，属受益范围内用水集体所有，骨干工程以下的田间工程由用水户自建、自管、自用、自有。流域性供水工程建成后，通过协商，民主表决，以立法的形式，制定各地区水量分配方案。各地区享受的供水量即水权可以有偿转让，避免了地区间争水矛盾的发生。

（五）水费实行促进节水的自主定价

美国水价制定的总原则是：供水单位不以赢利为目的，但要保证偿还供水部分的工程投资和承担供水部分的工程维护管理、更新改造所需开支。美国所采用的水价结构随水资源条件不同各地有较大差异，但近年来都逐渐采用有利于节水的水价结构，如差额累进水价。由董事会分析预测水价，列入预算，自主确定，一年一定，以丰补歉。年度财务情况通报用水户，透明度高。

第三章　发展中国家或地区

第一节　中国台湾地区

一、基本情况

台湾位于亚洲东部、太平洋西岸，拥有特殊的地形及地理位置，气候变化四季分明。台湾岛大致分成山地、丘陵、盆地、平原、台地五大地形，超过一半的面积是东部的山区地形，可耕地占24%。年平均降雨量超过2500mm，约为世界平均降雨量的3倍，雨量丰沛。但是由于地域狭小，人口稠密，人均水资源量约4184m^3，为世界平均值32 871m^3的1/8。此外，由于降雨在空间与时间上分布极不平均，年降雨量约80%集中于每年的5～10月，丰水期与枯水期水量相差悬殊，加上地质、地形环境特殊，山高河短流急，降雨产生径流之后即迅速流入海中，另外山坡地过度开发，影响水源涵养能力，更加重了水资源开发及调配利用的难度。2003～2012年台湾农业总用水量平均约为125亿～130亿m^3，其中农业灌溉用水约为105亿～120亿m^3，占农业总用水量的80%以上。而农业用水量（2003～2012年平均）约占全岛年总用水量的63.2%，远高于生活用水的20%和工业用水的10%。台湾灌溉水源主要来自河流取水，约占灌溉用水量的70%，其次为水库取水，约占16%。由于水资源时空变化大，灌溉用水管理具有明显的空间差异性，东部灌区的灌溉供水稳定度较西部高。另外，近年来台湾人均耕地面积随产业结构调整而逐年减少，农业用水比例逐年降低。

二、农业灌溉用水管理

台湾地区农业灌溉用水的管理，坚持水土资源有效利用的原则。多年来农委会指导各地农田水利会完善并有效利用农田水利取水设施及输配水系统，加强水源水量及水质维护。在水资源丰裕情况下，灌溉用水使用兼顾生态用水，尽量发挥生产、生活及生态三方面的功能；在枯水期水资源受限的情况下，农田水利会则充分运用灌溉管理专业技术能力及机制，采取轮流灌溉等节水措施，配合农业经营，减少缺水损失，确保粮食安全；在非常干旱期，生活用水或工业用水遭遇暂时性供水不足，需向农业用水寻求调整支持时，在兼顾粮食安全与农田水利会及农民权益原则下，共同协商水的支持调配措施，农业部门尽量配合协助，保证生活用水，确保社会安定，共度缺水难关。

台湾在灌溉工程管理方面，依托农田水利联合会进行管理。台湾农田水利会联合会由宜南、北基、桃园、石门、新竹、苗栗、台中、南投、彰化、云林、嘉南、高雄、屏东、台东、花连、七星和瑠公等 17 个农田水利会组成，遍及台湾各市县。农田水利会是具有法人特征的地方农田水利自治团体，代替政府行使部分权力，其职责为：农田水利的兴办、改善、维护及管理；农田水利灾害的预防及抢修；农田水利经费的筹措及设立基金；农田水利效益的研究及发展；配合政府推行土地、农业、工业政策及农村建设等。由于农田水利会职能划分明确、管理规范、工作精细、服务到位，保证了农田水利工程效益的正常发挥，为农业的发展奠定了坚实基础。

除了加强农田水利工程管理，保障农业用水的数量之外，台湾地区农委会还注重“内部挖潜”，大力推广节水灌溉，提高农业用水使用效率。一是重视喷灌与微灌技术的试验与示范，铺设各式喷灌、滴灌、微喷灌穿孔管等田间灌溉设施，有效改善了水源不足地区的灌溉条件。随着未来农业经营精致化，提高农业抗旱能力与竞争力，未来喷灌与微灌技术还会有更大的发展空间。二是重视节水灌溉技术的推广，节水灌溉政策深得农户的欢迎与支持。为了更好地推广喷灌与微灌技术，各级农田水利会全方位的对农民进行了技术培训和服务。近年来，主管部门更加大了对农民发展节水灌溉的补贴力度，其中旱作高效节水灌溉系统的建设，由政府投入 49%，建成后完全交给农民经营管理。重视灌区信息化建设，推动灌溉管理电子化，完成全台湾 17 个水利会的地理数据库建置，数据库除了提供农田水利会灌溉管理应用外，也提供跨部、会农业水资源的整合应用，不仅提升了水利会的灌溉管理效率，更提高了工程管理的成效。

三、保障农业用水的措施

近年来，随着经济社会快速发展，全球一体化进程加快，台湾地区农业用水也面临着一些挑战，如工农业水权竞争、水质污染、用水效率有待提高、水资源分配不均及复合式灾害对水利建筑物破坏等。为促进农业可持续发展需要，农委会采取了一系列的措施保障农业用水。

一是改善农田水利基础设施、改进灌溉管理技术和维护灌溉用水水质等，有效提升灌溉水资源的使用效率及效益。提供较可靠灌溉水源，提高农业的竞争力。加强取水管理，扩大供水服务。加强农田灌溉取水、蓄水、输水设施改善及维护，提升河川径流量利用率。从水循环系统整体的观点管理灌溉用水，在雨季，鼓励农民利用休耕水田蓄水调洪并补注地下水，发挥水资源的生态功能。

二是推广节水旱作管道灌溉，配合精细化农业发展。近年来，受西方饮食文化的影响，台湾地区饮食习惯发生了一些改变，台湾地区农业生产已由大面积粗放栽培的稻米逐渐转变为小面积集约精致栽培的旱作物。为此，农委会积极辅导农民安装节水管道灌溉设施，提升旱作农场经营技术，实现规模化的农业生产经营方式，以降低农业生产成本、提高农产品质量及竞争能力，同时实现节约农业灌溉用水、提高水土资源有效利用的目的。

三是维护灌溉用水水质，确保农产品质量。由于台湾工业快速发展，部分工厂毗邻农业地区或位于农业地区上游，其所排放废（污）水常影响灌溉水源水质。为有效防止灌溉用水污染，农委会加强了灌溉水质监测管理，限制废（污）水擅自排入灌排渠道，规定申请污水排放者排放污水需符合规定的水质标准，不得影响灌溉用水水质；对有重金属污染的废（污）水严格管制，协调排泄户改道，不得流入农田。

四是建立有偿转移农业用水机制。随着城镇化、工业化的发展，居民生活用水和工业用水要求转移农业用水的现象在台湾也不断出现。为了保障农业用水，农委会考虑兼顾农民耕作权益及依损害补偿原则，建立了农业用水有偿转移机制，要求转移用水户对农业灌溉的损失给予补偿。并制定了具体的操作程序、移用水量及补偿水价估计办法，供转移农业用水协调使用。

第二节　智　　利

一、基本情况

智利位于南美洲西南部、安第斯山脉西麓，东为安第斯山脉的西坡，西为海拔 300~2000m 的海岸山脉，中部是由冲积物所填充的陷落谷地，海拔 1200m 左右。南北长 4270km，东西平均宽 180 km。全国共有 15 个大区，54 个省。智利的气候可分为北、中、南三个明显不同的地段：北段主要是沙漠气候，中段是冬季多雨、夏季干燥的亚热带地中海型气候，南为多雨的温带阔叶林气候。智利中、南部地区年降水量达 1000mm 左右，北部干旱地区降水量仅为 0~300mm。智利现有耕地 342 万 hm^2，其中具备灌溉条件的有 180 万 hm^2，干旱缺水的面积有 162 万 hm^2。

二、农业灌溉的组织管理

智利国家水资源局为政府负责水资源管理的主要机构，隶属国家公共工程部，主要负责水资源的监测、开发、利用及大型水利工程的建设，引导私营企业和用水组织科学合理用水，协调用水矛盾，在全国各大区均设有分支机构。技术推广中心或技术援助基金会是政府与用水者之间的中介组织，在智利被称为“技术推广中心”。这类组织的管理和技术人员由政府委派，人员工资和管理费用由用水者供给，主要职责是组织实施政府对农业灌溉的扶持计划，负责灌溉水资源和灌溉设备的管理，对小型灌溉设备的使用进行技术指导和培训，为农民提供技术和信息咨询等方面的服务，同时向政府反馈农民及用水者协会的意见和要求。

农民（私人）协会（企业）包括三类：一是流域性水委会或管理联合体，按流域由水资源使用权拥有者联合组成的法人实体。主要负责流域性河流或水库的水资源监测、水资源分配、灌溉工程的维护管理、水费收取等。二是供水公司。通过政府转让，由私人企业承担，负责干渠以上的水利灌溉设施的管理，向干渠以下分配水资源，向农民用水者协会卖水。三是用水者协会。其最高权力机构为全体用水者代表大会，代表由全体用水者民主选举产生，每 50 人产生 1 名，每年召开两次全体代表大会。其主要职责为：从干渠买水，建设灌区水利设施，灌区设施的运行管理，向用水户分配水，收取水费，协调用水矛盾。

1930 年以前，智利水利工程全部为私人建设和管理，政府没有投入，造成水利工程规划不系统，规模小而分散，随着时间推移，用水矛盾比较突出。因而由私人协同成立了用水协会（或用水小组）。1930 年以后，政府成立了灌溉局，开始进行政府投入。大中型水利工程建设由政府出资，一般经过四年试点和培训后，转让给私人企业管理，私人企业负责偿还部分政府投资。小型水利工程由私人（农民）个人投资建设，政府择优无偿补助部分投资给农民用水者协会或用水者，由协会负责运行管理。

在智利，农业用水的收费标准完全靠市场调节，由供水和用水双方协商确定。水费均按供水成本收取。主要用于用水者协会内部的管理费、运行费支出及灌区灌溉设施维护、保养的费用开支。对水库灌区，一般配备较先进的量水设施，如鸭嘴量水堰、水表，有的地方还使用计算机控制的自动量水仪，按实际用水量收费；对自流灌区，一般采用两种方式，配有量水设施的按用水量收取水费，尚未配备量水设施的，按灌溉面积协商收费；对井灌区，按用电量收费。协会和公司的水费使用情况，每年定期向用水户公布正式的财务报表，接受水委会和用水户监督。

三、保障农业用水的措施

一是实施财政补贴政策。对小型水利工程建设，政府补贴 75%，农民自筹

25%。先由农民自筹建成竣工后，由政府择优补贴投资者。1986～1999 年，智利全国小型水利工程建设投资 2. 83 亿美元，其中政府补贴 1. 55 亿美元。1999 年投资 9000 万美元，其中政府补贴 6300 万美元。1990～1999 年全国大中型水利工程建设投资 4. 4 亿美元，其中政府补贴 2. 4 亿美元。1999 年当年投资 1. 1 亿美元，其中政府补贴 4400 万美元。

二是推广节水灌溉，提高水资源利用效率。智利通过抓好基础设施建设，大力推广先进的节水灌溉技术，实现对水资源的有效控制，确保计划供水，提高水资源利用率，同时加快农业结构调整，发展高效益的经济作物生产，提高农业效益，增加农民收入。在智利的基约塔省，现有耕地面积的 37% 均采用了喷、滴灌技术，其中滴灌、微喷灌技术应用达 34%。

三是完善法律法规，从制度上确保农业用水。智利政府对水的拥有者垄断水资源和不平等用水问题，对原有水法提出了“强迫有水者用水”的修正法案，通过加强税收调控，力求打破私有垄断，促进科学合理用水。该国还制定了《个人投资灌溉工程发展法》，鼓励个人投资，减少了国家负担，加快了体制转换。

第三节　土　耳　其

一、基 本 情 况

土耳其北临黑海，南临地中海，西临爱琴海，地形复杂。从沿海平原到山区草场，从雪松林到绵延的大草原，气候类型变化很大，因此，土耳其的农作物品种极其丰富，也是世界植物资源最丰富的地区之一。土耳其属地中海式气候，夏季长，气温高，降雨少；冬季寒冷多雨。由于作物生长与降雨不同季，导致灌溉对农业的作用很大。近年来，为了提高农业生产效率，土耳其比较重视和加强农业灌溉工程的建设与管理工作。

土耳其人口 7500 多万，耕地面积 2800 万 hm^2，其中灌溉面积 850 万 hm^2，有效灌溉面积 490 万 hm^2。有效灌溉面积中，280 万 hm^2 由土耳其国家水利总局建设管理，110 万 hm^2 由土耳其乡村事务委员会建设管理，100 万 hm^2 由小规模私营灌溉部门组织管理。土耳其每年可利用水资源总量 1100 亿 m^3，其中地表水 980 亿 m^3，地下水 120 亿 m^3，近年来每年用于农业的灌溉水量为 715 亿 m^3，约占可利用水资源总量的 65%。土耳其高度重视包括农业灌溉在内的水利工程建设，已建干渠 13 000km、支渠 17 670km、斗渠 28 400km。

二、农业灌区的自主管理

随着农业灌溉工程的快速建设和发展，土耳其政府逐渐开始引入农民参与式管理的概念，积极推行农民自主管理灌区计划。

土耳其农民自主管理灌区存在两种方式：农业灌溉协会和用水者合作社。农业灌溉协会一般管理大型水利工程，统筹城乡用水，管理农业用水；市长和乡镇长是农业灌溉协会的自然创始人；地区水利事务分局负责指导协会工作，水利工程产权属于国家，协会只有使用权。用水者合作社一般管理流量在 $0.5m^3/s$ 以下的农村小型水利工程，并拥有水利工程产权；农业和农村服务分局负责指导他们工作。

农民自主管理灌区模式具有以下基本特点：第一，农民用水管理合作组织是用水农民自己的组织，每 4 年由用水农民内部选举产生，是用水农民自我管理、自我监督、自我决策的合法组织；第二，农民用水管理合作组织一般按照灌区单元组建，与行政单元没有必然的联系；第三，农民用水管理合作组织一般按照作物类型和种植规模计算用水量并收取水费，甚至直接按照田间水表计收水费；第四，农民用水管理合作组织不以盈利为目的，运行透明度较高，较好地促进了农民缴费自觉性的提高，为灌区维修管护和长期发挥效益提供了较大支持。

通过农民自主管理灌区较好地保证了灌溉输水秩序，做到了及时供水；有效地提高了农民的节水意识，改变了传统的大水漫灌方式，大力推广应用了节水灌溉技术，明显地节约了每亩的灌溉用水量，节约了能源；提高了农民的主人翁意识，增强了灌溉水费使用的透明度，较大幅度地提高了水费的实收率，为渠系有效运行和维护提供了资金保障；农民用水管理合作组织每年按计划进行渠系清淤和维修，有效地改善了工程设施，降低了输水成本；通过及时供水、提高灌溉保证水平和适时灌溉，有效地提高了灌区农业生产的效益。

三、保障农业灌溉的措施

一是农业灌区主管部门的经费全部由财政安排。土耳其全国水利系统有 3.4 万人，农业和农村服务系统有 5.1 万人，不论是行政编制公务人员，还是事业编制技术人员，或者是一般工人，工资和办公经费全部由财政安排，水费则全部留在农民用水管理合作组织中，主要用于协会灌溉工程管护和管护人员工资开支。

二是国家对农民用水管理合作组织提供一定培训、指导和扶持。土耳其政府对农民用水合作组织提供包括合作组织管理培训、节水灌溉技术培训和其他农业生产技术培训，对不能正常开展工作的用水管理合作组织，农业灌区主管部门有权重新选举。由土耳其政府出资，为农民用水管理合作组织派出水利技术秘书长和财务会计。支持灾害损坏工程的修复，对于因自然灾害损坏的灌溉工程，由政府出资修复。项目建设扶持：一种方式是修复建好灌溉渠系，使工程标准达到一定水平后再建立农民用水管理合作组织；另一种方式是利用世行贷款购置大型清淤机械设备，加大对灌溉工程维护的支持，扶持农民用水管理合作组织。

三是国家对农民用水管理合作组织提供立法支持。土耳其制定了灌溉工程管理职责转移的政策法律，明确转移过程中和转移后农民用水管理合作组织的权力、责任和义务等，为农民用水管理合作组织提供了立法支持。

第四章　经验总结

一、完善法规政策和加强规划编制

加强水资源的开发利用和管理保护，保障农业用水首先必须制定相关的法律法规、政策和规划。以意大利和以色列为例，有效的农业用水管理，得益于完善的水法规体系和决策的科学化、民主化。意大利长期以来制定了一系列的防洪和水管理法律，主要有《国管基础设施法》《水法》《河流法》《防洪法》《水管理法》《灌溉法》等。以色列拥有世界领先技术和工程设施，在建造任何一项水利工程的过程中，都严格按法律办事，按规范要求实施，都遵守政府“方案提出—设计部门进行方案比较—研究部门研究论证—政府决策—组织施工—交付运行管理”这样的工程程序。每一环节都有法律的明确规定，各负其责，政府不直接干预。政府主要通过法律、政策的制定和完善及加强监督，以及研究反馈意见来对水利工程进行宏观的管理和调控。除了制定法规以外，还通过一定的政策和规划来保障农业用水，这些都是加强农业保障的根本条件。

二、大力推广节水灌溉

世界各地区普遍认识到农业灌溉的发展方向是节水灌溉，无论以色列、美国等发达国家，还是土耳其和我国台湾地区等，都认识到节水灌溉不仅仅是节约水资源，而且是提高农业生产效率的重要措施。这些典型国家和地区首先是政府加大投入，建立健全农业节水投入机制，如政府无偿投资、无息或低息贷款等。政府扶持与农民投入相结合，加大了农业节水投入力度，有力推动了农业节水的发展。其次，注重节水灌溉技术的研发和推广，大力发展喷灌、滴灌、小畦灌，提高灌溉效率。以色列建立了一套由政府部门、科研机构和农民合作组织紧密结合的农业研究和推广体系，在农业节水灌溉技术研发和推广方面取得了显著效果。以色列具有国际先进水平的节水灌溉技术和设备，已成为一个具有全球竞争优势的产业。美国在农业节水方面是教学、研究、延伸服务一体化，农业部自然资源保护局在全美各地有十多个从事农田灌溉试验的研究中心，通过观测试验改进各种灌溉技术、灌溉方法，提供各种信息和技术服务，包括为灌区农民做灌溉设计，提供设备信息，指导栽培技术，监测土壤含水量，指导喷滴灌的时间、灌水量等。第三，制定合理的水价政策体系，利用经济杠杆促进农业节水。以色列实行全国统一水价，通过建立补偿基金对不同地区进行水费补贴，不同部门的供水实行不同的价格，用较高的水价和严格的奖罚措施促进节水灌溉。为鼓励农业节水，用水单位所交纳的用水费用是按照其实际用水配额的百分比计算的，超额用水，加倍付款，利用经济法则，强化农业用水管理。第四，注重对农民节水灌溉意识的培养，认为农田灌溉是既节水又提高作物产量的良好措施。

三、推进农业水价改革

农业水价是管理农业用水的重要经济措施，国外在农业水价改革方面有以下经验可供借鉴：一是农业水费建立在成本基础上。水费是供水单位的收入，以维持简单再生产和扩大再生产的主要来源，水价的高低在很大程度上影响着供水行业的发展，制定合理水价首先要考虑对生产成本的补偿。二是农业供水组织是非盈利组织，此类组织一般由灌溉工程受益区用水户组成，或者用水户在该组织中占有重要的位置。灌区运行和维护责任要求用水户必须支付灌溉用水的实际成本，促使用水户自觉节水。三是国家对农业供水给予政策性补贴。虽然水利工程供水从收费中可以获得一定的经济补偿，但由于农业产业的弱质性，加上水利供水工程大多是由政府投资兴建的，水利工程供水不仅具有经济目标，也具有政治目标，如实现社会安定和社会公平等，为了保证水管单位的正常运行，就必须建立合理的价格补贴机制。四是运用农业两部制水价计收方式。根据水资源条件和供水工程情况实行分区域或分灌区定价；在实行农业用水计量的条件下，引入丰枯季节差价或浮动价格机制，加大水价的激励和约束作用，缓解水资源紧缺的矛盾。

四、农民用水户参与用水管理

国外农业灌溉有效管理模式是参与式灌溉管理，这种管理模式是按灌溉渠系、流域或行政边界划分区域，在同一区域内的用水户共同参与组成有法人地位的社团组织（如用水者协会），通过政府授权将工程设施的维护与管理职能部分或全部转交给用水户自己民主管理。工程的运行费用由用水户自己负担，使用水户真正成为工程的主人。政府的灌溉专管机构对用水户协会在资金、技术、设备等方面给予支持和帮助。各国农民的参与式管理机构大致可分为以下三大类：第一类是公司制的管理模式。灌区建立非盈利性经营实体，具有独立的法人地位，同时享受政府对弱势产业和基础设施建设的扶持政策，实行准市场运作，是一种自治和自主管理的制度，主要在一些发达国家中采用，比较典型的是美国和以色列。第二类是政府占主导地位的灌区分级管理模式，其具体做法是：水源工程由政府水管理部门直接负责管理；干、支渠及其附属建筑物由灌区管理单位进行管理；在斗渠以下的田间灌溉工程设施系统，包括储水池和灌溉设备等，交由用水户组织管理。第三类是独立于政府之外的农民用水者协会管理模式。用水者协会的主要功能是水分配的管理、协会基层组织的维护和末级量配水设施的管理。目前，农民通过用水者协会参与灌溉的管理，使很多大规模灌溉系统运作得更好。这些灌溉协会能基本独立于政府之外自主经营管理运行，实现财务独立和自负盈亏。

参考文献

褚湛. 2011. 美国水资源使用权的优先位序及借鉴意义. 天津行政学院学报，1：85-89.

丁跃元. 2000. 以色列的农业用水管理及水价. 中国水利，1：43-44.

高鸣，曾福生. 2012. 以色列农业发展与资源、环境的协调性分析. 世界农业，8：90-93.

高媛媛，姜文来，殷小琳. 2012. 典型国家农业水价分担及对我国的启示. 水利经济，1：5-10.

江莉. 2004. 台湾地区的水资源管理. 水利水电快报，12：23-25.

姜海军，朱小敖，叶碎高，等 . 2011. 意大利“农业节水灌溉技术培训”报告 .

李杰，曹玉华. 2007. 以色列节水农业对我国的启示. 现代农业科技，1：274-279.

李晶，宋守度，姜斌，等. 2003. 水权与水价——国外经验研究与中国改革方向探讨. 北京：中国发展出版社.

厉为民 . 2005. 以色列的沙漠农业 . 中国乡村发现网 .

林仁川. 2000. 台湾农业水资源的开发与利用. 台湾研究集刊，11：66-74.

刘洪先，闫翔. 2007. 智利水资源管理的改革经验与启示. 水利发展研究，7：55-58.

刘蒨，邵天一. 2008. 意大利的水服务改革. 水利发展研究，7：61-64.

穆贤清. 2004. 农户参与灌溉管理的制度保障研究. 浙江大学 .

王桂银. 2002. 台湾水资源利用与发展介绍. 水利规划设计，8：53-55.

薛志成. 2003. 美国加州农业节水灌溉措施及启示. 水利天地，9：27.

曾文革，白婧墨. 2009. 墨西哥水资源管理立法及其借鉴. 环境法治，6：408-414.

张芬霞. 2011. 我国农业灌溉用水保护的法律调控 . 赣州：江西理工大学硕士学位论文 .

张秀琴. 2013. 气候变化背景下我国农业水资源管理的适应对策. 杨凌：西北农林科技大学博士学位论文 .

赵立娟. 2009. 农民用水者协会形成及有效运行的经济分析. 呼和浩特：内蒙古农业大学博士学位论文 .

赵鸣骥，黄家玉，等. 2004. 土耳其、摩洛哥农业灌区经营管理考察报告. 中国农业综合开发，1：15-19.

周晓花，程瓦 . 2002. 国外农业节水政策综述 . 水利发展研究，2：43-45.

邹体峰. 2012. 美国水资源综合管理实践与思考. 中国水能及电气化，1：41-45.

2014 年第十二届海峡两岸农田水利技术交流报告 . http：//www. jsgg. com. cn/Index/Display. asp? News ID = 19777

第二篇

中国典型地区农业用水保障调研

第一章　概　　述

农业在国民经济和社会发展中占有举足轻重的地位，保障粮食安全、巩固农业基础地位关乎国计民生，关乎社会稳定和发展，关乎国家安全。水资源是农业生产最重要的基础资源，灌溉是我国农业发展的关键。我国75%的粮食来自灌溉农业，灌溉农业已经而且将来仍然会在我国的粮食生产中担当主要角色。因此，保障农业用水，是确保灌溉农业、保障粮食安全的基础，是促进现代农业发展的关键环节。长期以来，农业用水在我国用水结构中占比较大，农业用水量占我国总用水量的60%以上。随着经济社会的发展，特别是城镇化、工业化进程的加快，水资源的供需矛盾日益突出，各行业用水竞争加剧。在这个过程中，部分地区农业用水权益受到损害，产生了与农业用水被挤占、农业灌溉用水被污染、农业灌溉水源和设施被损坏等一系列问题，很大程度上给粮食安全带来了不利影响，加剧了城镇和农村、工业和农业发展的不平衡。

党的十八大明确提出，坚持走中国特色新型工业化、信息化、城镇化、农业现代化道路，推动信息化和工业化深度融合、工业化和城镇化良性互动、城镇化和农业现代化相互协调，促进工业化、信息化、城镇化、农业现代化同步发展。在我国水资源本底条件不好的前提下，推进城镇化、工业化和农业现代化协调发展，保障农业用水安全面临着可利用水资源总量不足、用水效率不高、水污染严重等严峻的挑战。为全面贯彻党的十八大精神，落实《中共中央国务院关于加快水利改革发展的决定》（中发［2011］1号）、2011年中央水利工作会议和《国务院关于实行最严格水资源管理制度的意见》（国发［2012］3号）的要求，迫切需要立足于城镇化、工业化和农业现代化协调推进中保障粮食安全的基本要求，在分析农业用水的现状、总结国内外典型经验的基础上，建立健全农业用水保障机制。

我国的粮食主产区主要分布在黄淮海地区、东北地区和长江中游地区，其中种植面积在400万hm^2以上的省份有河北、内蒙古、吉林、黑龙江、江苏、安徽、山东、河南、湖南、四川；超过300万hm^2的省份有辽宁、江西、湖北。这13个省份的粮食种植面积占全国粮食种植面积的71.84%，产量占全国的75.5%。我国地域广阔，各地粮食生产条件、方式等各具特色，农业灌溉方式也各不相同，差异较大。为了全面了解我国各地农业用水情况，参考《国家农业节水纲要（2012—2020 年）》，按照水资源可利用总量、未来用水需求、粮食主产区分布的地区差异，将全国主要划分为四个重点研究区域，分别是东北地区、黄淮海地区、西北地区、南方地区。

为了能够充分了解我国不同地区和典型灌区农业灌溉用水的有效做法、成功经验和存在问题，作者在对我国农业用水分区的基础上，结合我国粮食主产区分布情况，选取了北京、河北、吉林、江苏、江西、四川、宁夏等 7 个省（直辖市、自治区），对这些区域内保障农业用水总体情况或者典型灌区保障农业用水的情况开展现场调研。调研采取座谈交流和实地考察相结合的形式，包括与有关水行政主管部门、地方水利政策研究机构、灌区和水库管理单位、农民用水户协会等进行座谈，实地考察当地农业用水情况。通过调研，初步掌握了这些地区保障农业用水的整体现状与问题。

在调研过程中，得到了水利部农村水利司、北京市水务局、江苏省水利厅、宁夏回族自治区水利厅、四川省农田水利局、四川省都江堰管理局、吉林省农村水利建设管理局、长春市水利局、南昌市水务局、宁夏回族自治区唐徕管理处、长春市石头口门水库管理局、河北省黄壁庄水库管理局、河北省岗南水库管理局、河北省石津灌区管理局、江西省赣抚平原水利工程管理局等部门和单位的大力支持，在此对以上单位表示衷心的感谢！

第二章 北 京 市

北京市是我国政治经济文化中心，同时也是环渤海经济圈的核心城市，城镇化率、工业化水平位居全国前列。北京市目前已经处于后工业化时期，经历了其他区域城镇化、工业化发展的全部历程。多年来，在发展工业、提升城镇化水平的同时，北京市十分重视农业现代化，努力提升农业生产科技的水平，以节水灌溉为抓手，提高水资源利用效率，提高农业生产效益，促进了现代农业发展。为了解北京市在保障农业用水、促进农业生产方面的做法，作者于 2013 年 7 月至 8 月与北京市水务局及北京市水科学技术研究院有关人员进行了深入交流。现将了解到的有关情况报告如下。

第一节 基 本 情 况

一、城镇化、工业化和农业现代化发展情况

（一）城镇化发展情况

北京市总体上处于城镇化加速发展时期，截至 2012 年年底，全市常住人口 2069.3 万人，其中，城镇人口 1783.7 万人，占常住人口的 86.2%。城镇化率由 2004 年的 79.5%增长至 2011 年的 86.2%，已经达到世界发达国家 80%~90%的水平，预计到 2020 年，全市城镇化水平将达到 89%左右。

（二）工业化发展情况

2012 年，北京市全年实现工业增加值 3294.3 亿元，比上年增长 7%。其中，规模以上工业企业增加值增长 7%。在规模以上工业中，高技术制造业、现代制造业增加值分别增长 11.3%和 7.4%。规模以上工业销售产值 15 267.5 亿元，增长 6.7%。其中内销产值 13 768.6 亿元，增长 7.8%；出口交货值 1498.9 亿元，下降 2.3%。产品销售率为 99.1%。北京工业化水平综合指数超过 100，已进入“后工业化”时期，城市功能格局进一步发生转变。

（三）农业现代化发展情况

按照“做优一产，做强二产，做大三产”的产业结构优化调整目标，北京市以生态服务和观光休闲为重点的现代农业蓬勃发展。依据北京现代农业生态服务价值测算指标体系和测算方法测算，2011 年北京现代农业生态服务价值年值为 3241.58 亿元，比上年增长 5.7%。北京现代农业生态服务价值年值构成中，直接经济价值为 388.76 亿元，占总价值的 12%，比上年增长 11.4%；间接经济价值为 1073.41 亿元，占总价值的 33.1%，比上年增长 7%；生态与环境价值为 1779.42 亿元，占总价值的 54.9%，比上年增长 3.8%。

二、水资源开发利用情况

（一）总体情况

2011 年全市总供水量为 36.0 亿 m^3，比 2010 年增加 0.8 亿 m^3。其中，地表水为 5.5 亿 m^3，占总供水量的 15.3%；南水北调水 2.6 亿 m^3，占总供水量的 7.2%；地下水 20.9 亿 m^3，占总供水量的 58.1%；再生水 7.0 亿 m^3，占总供水量的 19.4%。2011 年全市总用水量为 36.0 亿 m^3，比 2010 年增加 0.8 亿 m^3。其中生活用水 15.6 亿 m^3，占总用水量的 43%；环境用水 4.5 亿 m^3，占总用水量的 13%；工业用水 5.0 亿 m^3，占总用水量的 14%；农业用水 10.9 亿 m^3，占总用水量的 30%。在全市有水的河中，符合Ⅱ、Ⅲ类水质标准的河长占比为 54.5%，劣Ⅴ类河长占比为 39.5%。在全市大中型水库中，符合Ⅱ、Ⅲ类水质标准的蓄水量占比为 90.8%。在城市湖泊中，符合Ⅱ、Ⅲ类水质标准的湖泊面积占比为 69.7%，劣Ⅴ类湖泊面积占比为 2.2%。

（二）农业用水情况

农业用水量不断减少。北京市“大城市，小郊区”的特点决定了水量分配必须优先满足工业和城镇生活用水，农业用水只能按“以供定需”的原则进行安排，随着工业和城镇生活用水的增加，可供农业灌溉的水量大幅度减少，农业用水总量由 1980 年的 31.7 亿 m^3 减少为 2012 年的 9.3 亿 m^3，所占社会用水总量的比例由 65%减少为 26%。

农业用水结构进一步得到优化。“十一五”以来北京市共发展农村雨洪利用工程 1000 处，蓄水能力达到 0.28 亿 m^3；从 2003 年开始，北京市开始使用再生水进行灌溉，再生水利用量达到农业用水总量的 25%。2012 年再生水利用量近 3 亿 m^3，占农业用水总量的 30%，灌溉水源由以地下水为主转向地下水、雨洪水、再生水相结合。节约了大量的清水资源供其他行业发展，同时再生水的广泛利用，有效增加了区域环境用水，涵养了地下水，改善了区域生态水环境。

三、农田水利建设情况

2011 年北京市水务普查结果为：北京市现有大型灌区 1 处，中型灌区 10 处，小型灌区 15 454 处，总灌溉面积为 347 万亩，节水灌溉面积为 315 万亩。以喷灌、微灌和低压管道输水灌溉为主的高效节水灌溉面积为 265 万亩。其中，低压管道输水灌溉 193 万亩，喷灌 57 万亩，微灌 15 万亩。节水灌溉面积、高效节水灌溉面积占总灌溉面积的比重分别为 90% 和 76%。

北京市农业节水灌溉发展大体分为两个阶段。第一阶段：20 世纪 80 年代至 1998 年，农业节水灌溉面积的快速发展阶段。该阶段灌溉农业的特点是以保障农业生产为目的，以大田喷灌和低压管灌为主要形式。第二阶段：1999 年以来，农业节水灌溉的标准提升和再生水替代阶段。该阶段灌溉农业的特点是针对北京市连续多年干旱的形势和发展现代农业的要求，以服务现代农业和减少农业用水为主要目的，大力发展设施农业滴灌、果树小管出流等高效节水工程，提高水利用效率；大力发展再生水灌区，替代清水资源。

北京市从 20 世纪 50~60 年代就开始发展渠道衬砌输水灌溉，20 世纪 70 年代后，由于灌溉面积的不断扩大和地表水源的紧缺，北京市的灌溉除了逐渐开发地下水发展井灌外，还不断采取各种高效节水措施，如低压管道输水灌溉、喷灌、微灌技术等。1980 年节水灌溉面积只有 52 万亩，占灌溉面积的 9%。经过 20 多年的不懈努力，节水灌溉取得了巨大发展，2004 年北京市的节水灌溉面积达到 452 万亩，达到了高峰。

近几年由于城市化进程的加快，城市近郊区建设占地，致使灌溉面积不断减少，使得全市节水灌溉面积的绝对数有所减少，但是节水灌溉面积占灌溉面积的比重却不断增加。2012 年北京市节水灌溉面积为 315 万亩，占总灌溉面积的 90%，以喷灌、微灌和低压管道输水灌溉为主的高效节水灌溉面积为 265 万亩。其中，低压管道输水灌溉 193 万亩，喷灌 57 万亩，微灌 15 万亩。节水灌溉面积、高效节水灌溉面积占总灌溉面积的比重分别为 90%、76%。

根据北京市农业灌溉水资源状况，下一步重点以新河灌区末级渠系续建配套为重点，提高再生水灌溉设施条件，同时，积极研究潮白河、北运河之间西集、潞城等乡镇区域内发展再生水灌溉的可行性，具备条件时通过工程建设，进一步扩大再生水灌区面积。

第二节　保障农业用水的做法

一、出台相关规划和管理政策

（一）编制规划

编制《北京市“十二五”农业节水规划》，明确了高效节水灌溉布局及发展重点，科学有序推进了农业节水工作；编制《北京都市型现代农业基础建设及综合开发规划》，整合资源，实现了106万亩农田沟、路、林、渠综合治理，进一步夯实了农田水利基础设施；编制《中央小型农田水利重点县建设规划》，贯彻新时期农田水利基本建设新思路，有力发挥了示范带动作用。

（二）出台政策

2006年，北京市水务局、市农委、市财政局、市发展改革委、市民政局出台《北京市农民用水协会及农村管水员队伍建设实施方案》，明确农民用水协会的组建和农村管水员队伍的组建要求、形式和过程。同年，北京市水务局出台《关于印发村农民用水分会工程管护等五项制度的通知》，对农民用水协会分会的工程管护制度、灌溉管理制度、财务管理制度、水费征收使用管理制度、节约用水管理制度等进行了明确和规范。同时还出台了《北京市农村管水员专项补贴资金管理暂行办法》《北京市选聘村级管水员考试办法》等，逐步建立了农民参与用水管理机制，引导和规范了农民用水协会和农民管水员队伍建设。

2011年，北京市出台了《中共北京市委北京市人民政府关于进一步加强水务改革发展的意见》（京发［2011］9号），其中明确要求“把严格水资源管理作为加快经济发展方式转变的战略要求，把防洪、供水、排水、农田水利等水务基础设施建设作为城乡一体化发展的优先领域”，同时指出要“加强农田水利基础设施建设，编制农田水利建设规划”，“完善农田灌排系统，扩大再生水灌溉面积”，“大力推进高效节水工程建设”，“建立墒情、旱情监测网络”，“加大对山区发展的扶持力度，兴修‘五小’水利工程”，“确立水资源开发利用控制红线”，“确立用水效率控制红线”，“建立水资源管理责任和考核制度”等，进一步为北京市发展节水灌溉指明了方向，明确了重点工作。

二、力推节水灌溉工程建设

推动市级基本建设资金投入到农业高效节水灌溉工程建设，年均发展节水灌溉面积 10 万亩；抓好中央小型农田水利重点县建设，认真组织房山区、顺义区、延庆县等小型农田水利重点县工程建设，累计发展节水灌溉面积 9.84 万亩，改善了农田灌溉条件，发挥了示范引领作用。

三、加强灌溉工程运行维护

一是出台农田水利建设新机制的意见，成立 3927 个农民用水协会、组建 10 800名管水员队伍，建立了农田水利公共骨干工程的维护队伍；向区县转移支付 3.5 亿元，落实公共骨干工程维护经费；二是积极开展农田水利设施运行维护试点建设，在顺义、房山开展财政资金购买社会组织提供的农田水利维护服务试点建设，探索农田水利设施维护的社会化管理，每年落实管护资金 1800 万元。

四、开展培训宣传教育

一是对工程设计、建设施工等技术人员进行培训，推进了高效节水灌溉理念的落实，规范了设计和建设标准；二是对基层水务站骨干、农村管水员及工程使用者进行技术和管理培训，提高了其工作能力和业务水平；三是充分利用各种媒体和宣传栏，向社会公众进行节水宣传，提升了群众节水意识，营造了良好的社会氛围，动员全社会力量促进了农业节水发展。

第三节 取得的成效与存在的问题

一、取得的成效

在农业用水保障方面，按照市委、市政府提出的“实行最严格的水资源管理制度”的要求，以实现“用水下降、农业增效、农民增收”三大目标为主线，积极开展农田水利基础设施建设，大力推广高效节水灌溉技术，用水结构不断优化，为应对首都水资源严重紧缺，支撑现代农业发展做出了积极贡献。

（一）高标准配套节水灌溉设施，灌溉用水效率全国领先

近年来，围绕现代农业发展的需求，高标准配套建设节水灌溉工程，新增和改善节水灌溉面积 93 万亩，截止到 2012 年，全市节水灌溉面积达到 315 万亩，节水灌溉面积占灌溉面积的比重达到 90%，全市平均农业灌溉水利用系数由 2005 年的 0.657 提高到 2012 年的 0.697。2010 年农业万元 GDP 用水量为 915m^3，农业万元 GDP 用新水量 674m^3，全市农业亩均灌溉用水量由 2005 年的 246m^3/亩

下降到2010年的206m³/亩（其中71%用新水）。

（二）农业用水量逐年下降，农业用水水源结构不断优化

全市农业节水由单纯工程节水走向工程、农艺和管理三项节水措施并举，农业用水量逐年下降，由第一用水大户转变为第二大户，由2005年的13.22亿m^3下降到2012年的9.3亿m^3。灌溉水源由以地下水为主转向地下水、雨洪水、再生水相结合，农业用水水源结构不断优化。

再生水灌溉是农业用水保障的一项重要措施，可以节约大量的清水资源供其他行业发展，同时再生水的广泛利用，可以增加区域环境用水，涵养地下水，改善区域生态水环境。北京市从2002年开始发展再生水灌溉，目前已发展再生水灌区58万亩，主要位于大兴、通州地区，农业利用再生水量还在逐年增加。在再生水灌区连续开展监测评价工作，分析再生水灌溉对土壤、农作物及地下水影响，未发现再生水灌溉明显影响农作物品质以及土壤环境质量。

（三）服务农业发展，促进农业增产农民增收

“十一五”以来北京市农业节水围绕主导产业的发展，对设施农业、精品果园、示范园区等进行高标准配套节水工程建设，既满足了现代农业发展形式的需要和对产品质量的要求，为农业生产、生态、服务功能的充分发挥起到了重要的支撑作用，又使得农民收入不断增加。2012年北京市观光农业收入和设施农业收入为78.9亿元，按灌溉贡献率40%计算，灌溉效益为31.6亿元。据测算，北京农林水生态服务价值超过1万亿元。

二、面临的新形势和问题

（一）用水户更加多元化

发展现代农业，打破了传统的城乡二元结构，推动了各类生产要素的自由流动，市场在资源配置中的基础作用更加凸显，资源、环境的外在性加大，表现在用水户主体从传统的农户向多元演变。农业用水的主体不仅有农户、联户、经济合作组织、外来承包户、外来投资户，还有股份公司、事业单位等各类法人、呈现出用水户主体多元化的局面。传统农业灌溉用水管理的政策、措施应如何适应新形势，具有挑战性。

（二）用水服务监管更加复杂

传统的农业生产，用水服务监管的对象只有农民、农业、农村，产业单一、对象单一、政策单一、服务单一、监管单一。而现代农业正在由大宗种植向特色

种植转变，由提供初级产品向构建农业产业链、引导培养个性需求市场转变，既有种植业、养殖业，又有加工业、旅游业。生产方式多样，产品形式多样，对农业用水水质、水量的需求发生着巨大变化。现代农业服务监管面临产业多样、主体多元、政策差异、标准不同、点多面广等诸多挑战。

（三）灌溉设施老化比较严重

北京市水务普查结果表明，农业灌溉机井共 3.26 万眼，其中有 50% 左右的机井超期服役，出水量减少、含沙率高。部分小型蓄水设施出现渗漏、淤积、干枯的问题。此外，尚有 50 万亩耕地采用土渠灌溉。

第四节　相关对策与建议

（一）强化节水灌溉管理

一是抓好高端户管理。对年用水量超过 1 万 m^3 的用水户，包括农庄、农园、农景等各类用水户，探索实行用水户管理，在市、区县水务部门指导下，由水务站负责，逐户登记，纳入管理，对年产值超过 100 万元的现代农业企业，实现用水户管理，考核其农业万元增加值用水效率；二是抓好高效节水核心示范区建设。在 9 个郊区县，分别建设产学研一体化的高效节水核心示范区，推广适合本区域的节水灌溉技术，为加强农业用水管理提供技术指导，为区域发展规划及水资源管理提供依据；三是抓好产学研一体化管理。积极探索节水规划、节水管理、节水服务由政府主导，业主及用水户为主体、专业公司实施的社会化的模式，推进高校、研究所与农民对接，实现节水理念、知识、技术进村入户到田间。

（二）在农村地区实施最严格水资源管理制度

一是以村为单元，继续推进“饮水计量、节水高效、雨洪管理、中水回用”的循环水务村建设；二是政府引导，通过村民一事一议，以村为单元，探索建立农村生活用水阶梯水价制度，利用价格杠杆，推进农村生活节水；三是严格执行农业灌溉水源取水许可和新建工程水资源论证制度，不开采 150 m 以下的深层水。

（三）加大科技支撑和基础设施建设力度

一是进一步加大科研支持力度，以科技创新带动现代农业高效用水；二是加强高效节水技术推广力度，完善旱情墒情监测预报等技术服务保障体系；三是加强基础设施建设，提高灌溉水有效利用系数；四是加大政策扶持力度，构建完善的制度保障体系。

第三章　河　北　省

河北省是我国北方产粮大省和粮食主产区之一。全省有11个省辖市、173个县市区，耕地面积8800多万亩，人口6900多万。现有有效灌溉面积6800多万亩，节水灌溉面积3800多万亩，旱涝保收田5300多万亩，粮食总产290多亿千克。因地表水匮乏，农田灌溉以地下水为主，75%以上是井灌区；全省用水以农业用水为主，农业用水量占总用水量的75%左右。全省现有配套机井91.6万眼，中小型水库1029座，小型灌区及水池、水窖等集雨工程32万多处。近年来河北省城镇化和工业化发展速度较快，对农业用水也产生了一定程度的影响。因此，研究粮食大省河北在城镇化和工业化进程中农业用水的保障对策，具有重要意义。

为了解河北省在保障农业用水方面的做法和经验，作者在查阅《河北省统计年鉴》《中国水资源公报》《中国水资源质量年报》等大量资料的基础上，于2013年7月17~18日赴河北省石家庄市黄壁庄水库和岗南水库及石津灌区调研，与水库和灌区管理单位相关人员座谈，并现场考察了石津灌区。有关调研情况如下。

第一节　基本情况

一、城镇化和工业化发展情况

河北省是农业大省，粮食生产关系到华北地区乃至整个国民经济的基础，保障河北省粮食安全对于促进华北地区乃至国家的社会和谐发展，具有重要的现实意义。20世纪90年代以来，随着改革开放和现代化建设不断深入，河北省城镇化进程也在快速推进，但仍低于全国平均水平。1978年河北省平均城镇化率为10.94%，比全国平均的城镇化率17.92%低了近7个百分点。1990~2000年全国城镇化率由26.41%提高到36.22%，同期河北省由14.36%提高到19.60%。到2012年年底，全国平均城镇化率达52.57%，河北省为46.80%。虽然河北省的城镇化率还略低于全国平均水平，但国家《“十二五”规划纲要》已将河北沿海地区、冀中南城市群纳入发展战略，河北省环首都、环渤海地带将是国家重点开放和优化发展的城市化地区，将把河北省的城镇化战略推向一个新的阶段。

河北省在城镇化率提高的同时，工业化水平也在稳步提升。2012 年河北省生产总值为 26 575.01 亿元，第二产业产值为 14 003.57 亿元，占总产值的 52.69%，其中工业产值占总产值的 47.08%，而这一比例在 1990 年仅为 39.52%。目前，河北省仍处在工业化的发展中期。

二、农业发展和农业灌溉情况

近年来河北省耕地面积有小幅波动，但总体上保持稳定，有效灌溉面积有小幅度增加，但相对增加量不大。全省的农业用水量呈减少态势，由 1997 年的 174.4 亿 m^3 减少到 2011 年的 140.5 亿 m^3，在经历了 2002~2004 年的一个下降期后，2005~2007 年有所回升，2008 年又有所下降，近几年基本保持稳定，见图 3-1。而近年来河北省粮食产量增幅明显，由 2002 年的 2435.8 万 t 增加到了 2011 年的 3172.6 万 t，10 年间增加了 30.2%，见图 3-2。

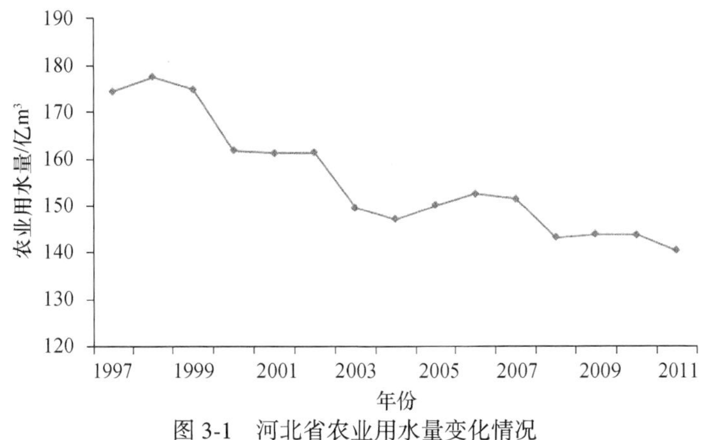

图 3-1　河北省农业用水量变化情况

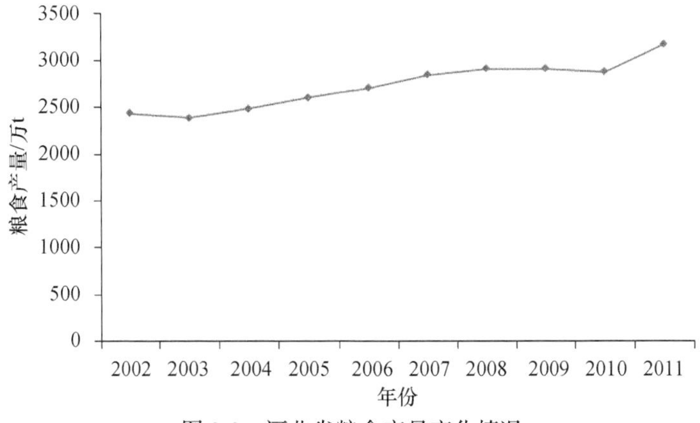

图 3-2　河北省粮食产量变化情况

第二节　典型灌区情况

河北省共有21处大型灌区，包括万全洋河灌区、宣化洋河灌区、滦河下游灌区、陡河灌区、通桥河灌区、抚宁洋河灌区、涿鹿桑干河灌区、壶流河灌区、引青灌区、朱野灌区、井陉绵河灌区、唐河灌区、冶河灌区、磁县跃峰灌区、邯郸跃峰灌区、沙河灌区、石津灌区、易水灌区、漳滏河灌区、军留灌区和房涞涿灌区等。本次调研选择了石津灌区作为研究河北省农业用水保障的典型灌区。

一、灌区概况

石津灌区是河北省最大的灌区，位于太行山东麓，河北省中南部的滹沱河与滏阳河之间的冲积平原上，毗邻京津，距西柏坡90km。灌区是以农业灌溉为主，兼有发电和城市工业供水效益的国家大（Ⅱ）型灌区，设计灌溉面积244.23万亩，实际灌溉面积195.25万亩。灌区主要农作物为冬小麦、棉花和夏玉米等。灌区的取水模式为水库引水，水源工程为建于滹沱河中上游的岗南和黄壁庄两座联合调节运用的大型水库。两座水库梯级串联，设计总库容为27.8亿m^3，兴利库容约为12.4亿m^3。石津灌区运行60多年来，使得区内100多万亩盐碱地变成了良田，受益范围内的14个县（市）成为河北省粮、棉、果主产区之一。

石津灌区骨干工程控制面积4144km^2，耕地面积435万亩，设计灌溉面积约244万亩。受益范围包括石家庄、邢台、衡水三市的14个县（市、区）、114个乡（镇）、968个村，共有农业人口108万。灌区总干渠是在1942年兴建“石津运河”和“晋藁渠”的基础上逐渐发展起来的，灌区灌溉渠系现有总干渠、干渠、分干渠、支渠、斗渠、农渠六级渠道，总干渠由黄壁庄水库重力坝下发电洞或灌溉洞引水，全长134.2km，渠首设计流量114m^3/s，加大流量125m^3/s；另有5条干渠、30条分干渠、295条支渠、1838条斗渠、13 000多条农渠，共计1.5万余条，总长近1.0万km；1.1万多座闸涵建筑物坐落在各级渠道上。灌区内地形平坦，坡降均匀，渠系布局合理，渠线顺直，管理方便。目前，石津灌区骨干工程配套率约48%，完好率约50%，田间工程完好及配套率约10%。

灌区地势西高东低，属温带大陆性季风气候，多年平均降水量507mm，年平均气温12~13℃，灌区主要农作物为冬小麦、夏玉米和棉花，主要采用冬小麦—夏玉米轮作制度。降水量主要集中在5~9月，占全年降水量的80%以上。基本上可以满足夏玉米生长的水分需求，而10月份至次年3月降水量较小，为满足冬小麦的水分需求，灌区主要在春、秋两季进行灌溉，春灌一般在2~5月，水量较大，历时较长；秋灌则在10月，历时较短，水量较小；个别年份也采用了夏灌。

岗南、黄壁庄两水库除了联合运用为石津灌区供水以外，还联合运用为灵正渠和计三渠（引黄渠）两个中型灌区供水，同时岗南水库还直接为引岗渠、大川渠和北跃渠供水，这六个灌区有效灌溉面积共计300多万亩，水库规划灌溉保证率50%。

二、灌区供水水源情况

目前，岗南、黄壁庄水库蓄水是石津灌区唯一的地表水源。岗南水库和黄壁庄水库为年调节、联合调度运用水库，原设计保证率$p=50\%$，出库水量为11.135亿m^3，供石津灌区水量8.59亿m^3，规划灌区面积250万亩。自20世纪60年代开始岗南水库年均农业供水量7.6亿m^3，多年平均向黄壁庄水库输水约5亿m^3用于农业用水。

岗南水库位于海河流域子牙河水系滹沱河中游平山县内，总控制流域面积15 900km^2，设计总库容15.71亿m^3，防洪库容9.71亿m^3，兴利库容7.8亿m^3，死库容3.41亿m^3，死水位180 m，汛限水位192 m，正常蓄水位200 m，设计洪水位204.1 m，校核洪水位207.7 m，年径流量14.1亿m^3，年均输沙量约1000万t，是一座以防洪为主，兼顾灌溉、发电、工业及城市生活用水等综合利用的大（Ⅰ）型水库，具有重要的社会、经济效益。

黄壁庄水库位于海河流域子牙河水系滹沱河干流上，与位于上游28km的岗南水库同为河北省太行山山区的两座大型梯级水库，总控制流域面积23 400km^2，距离河北省会石家庄市约30km，是滹沱河中游重要的控制性大（Ⅰ）型水库。该水库是一座以防洪为主，兼有灌溉、发电、工业和城市生活、环境供水为一体的大型控制性水利枢纽工程。水库设计总库容12.1亿m^3，兴利库容约3.8亿m^3，正常蓄水位120 m，死水位111.5 m。多年来，黄壁庄水库在确保防洪安全的前提下，科学调度保证了下游200多万亩农田的供水任务，为流域经济和社会的发展提供了有利的支撑和保障。

三、农业用水情况

（一）地表供水

据黄壁庄水库统计资料，1960~2011年水库累计向石津灌区、灵正灌区、计三灌区等农业供水359.33亿m^3。而根据石津灌区统计，在上游水库建成后，石津灌区 1960～2011 年共从黄壁庄水库引水 327.17 亿 m^3，50 多年年均引水量为 6.42 亿 m^3。计三灌区 1975～2011 年通过计三渠（引黄渠）从黄壁庄水库共引水 5.81 亿 m^3，年均引水量为 0.16 亿 m^3。灵正灌区 1960～2011 年通过灵正渠从黄壁庄水库共引水 26.35 亿 m^3，年均引水量为 0.52 亿 m^3。

由 1960～2011 年黄壁庄水库供给石津灌区、灵正灌区和计三灌区的农业供水量变化可知，近 50 年来灌区农业用水是逐渐减少的，其中 20 世纪 60 年代、70 年代、80 年代、90 年代平均农业供水量分别为 12.12 亿 m^3、10.80 亿 m^3、5.34 亿 m^3、3.93 亿 m^3，而2000 年之后农业供水量平均为 3.12 亿 m^3，减少十分明显，供水变化情况见图 3-3。

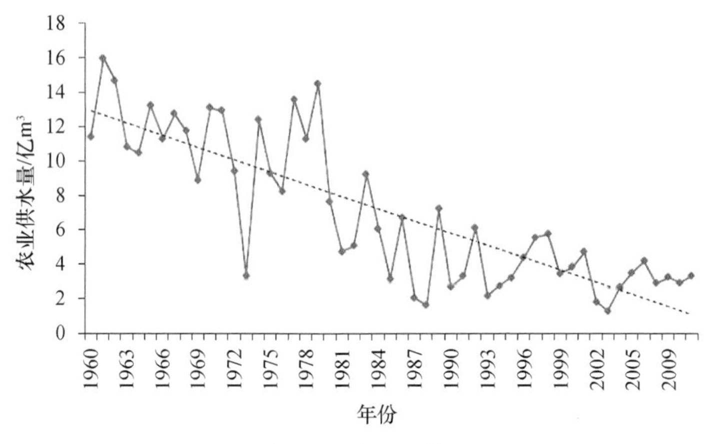

图 3-3　黄壁庄水库农业供水量变化

分析石津灌区、灵正灌区和计三灌区农业灌溉用水量，考虑灌溉结合发电用水量和单独灌溉用水量，分析三个主要干渠（石津渠、灵正渠和引黄渠）的引水量变化见图 3-4。对于石津灌区而言，灌区 1960～1980 年这 20 年实际年均农业用水量为 10.15 亿 m^3，其中灌区 1971 年开始实施灌溉结合发电，灌区 1971～1980 年灌区结合发电用水年均 8.98 亿 m^3，而 1960～1980 年单独灌溉用水年均 5.86 亿 m^3；灌区 1981～1998 年农业用水量为 4.12 亿 m^3，其中灌溉结合发电用水量年均 3.92 亿 m^3，单独灌溉用水量年均 0.2 亿 m^3；1999～2011 年灌区农业用水量基本维持在 3.02 亿 m^3，其中灌溉结合发电用水量年均 2.95 亿 m^3，单独灌溉用水量年均 0.07 亿 m^3。灵正灌区的农业用水情景与石津灌区较为类似，灌区从 1971 年采用灌溉结合发电的方式运行，灌区 1960～1980 年这 20 年实际年均农业用水量为 1.02 亿 m^3，1981～1998 年年均农业用水量为 0.23 亿 m^3，1999～2011 年年均农业用水量为 0.09 亿 m^3。计三灌区从 1975 年开始通过引黄渠由黄壁庄水库引水进行农业灌溉，未采取灌溉结合发电方式，均为单独灌溉。计三灌区 1975～1990 年年均农业用水量为 0.35 亿 m^3，而 1990～2011 年年均农业用水量为

0.25 亿 m^3。由分析可知，20 世纪 80 年代以来，三个灌区的农业用水量呈显著减少趋势，尤其当灌区实施结合发电的灌溉方式后，单独灌溉的用水量大幅度减少，占总灌溉水量的比例不足 10%；20 世纪 90 年代后灌区农业用水量减少更为明显，但变化幅度减少；2000 年后农业用水量基本趋于稳定。

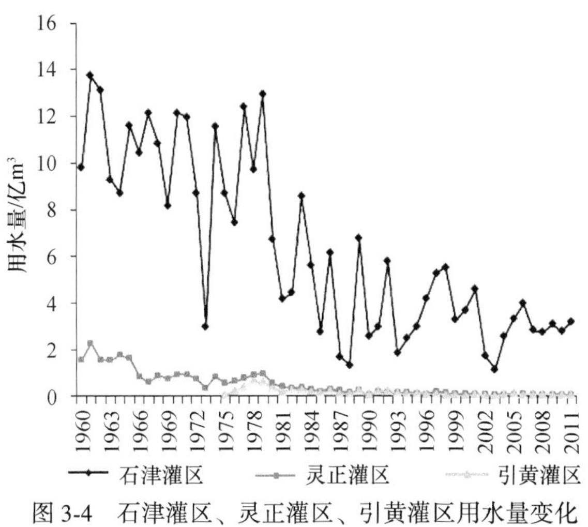

图 3-4　石津灌区、灵正灌区、引黄灌区用水量变化

（二）地下供水

石津灌区浅层地下水资源量为 1.32 亿 m^3，地下水可利用量为 1.07 亿 m^3。20 世纪 80 年代以来，由于流域水资源短缺，在灌区地下水条件较好的西部，一部分区域发展地下水灌溉。另外，在部分机井配套较好的区域，农民认为井水省工省力，成本较低，也使用井灌。根据石津灌区管理局所提供的资料，2003～2012 年石津灌区地下水利用情况如图 3-5 所示。

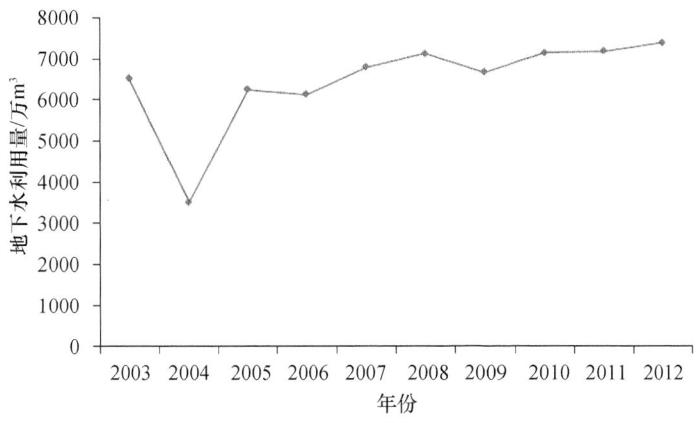

图 3-5　2003～2012 年石津灌区地下水利用情况

由图 3-6 可知，近 10 年来灌区的地下水利用量有所增加，除 2004 年地下水利用量较少，为 3505 万 m^3，其余年份均在 5000 万 m^3 以上，且近年来有缓慢增加的趋势，2012 年灌区地下水利用量达到 7395 万 m^3。

（三）总用水量

2003～2012 年灌区总的农业用水量呈增加趋势，地表水库供水量占农业灌溉总用水量的 80%，而两者的相关系数高达 0.99，用水量变化见图 3-6。由此可见，石津灌区总的来说还是以地表水灌溉为主的地区，其农业灌溉用水总量的变化趋势与水库供水密切相关且变化趋势一致。虽然近 10 年农业灌溉用水总量有缓慢增加，但是从长时间序列来看，可以推测从 20 世纪 60 年代至今，灌区总的农业灌溉用水量还是呈逐渐减少的趋势。

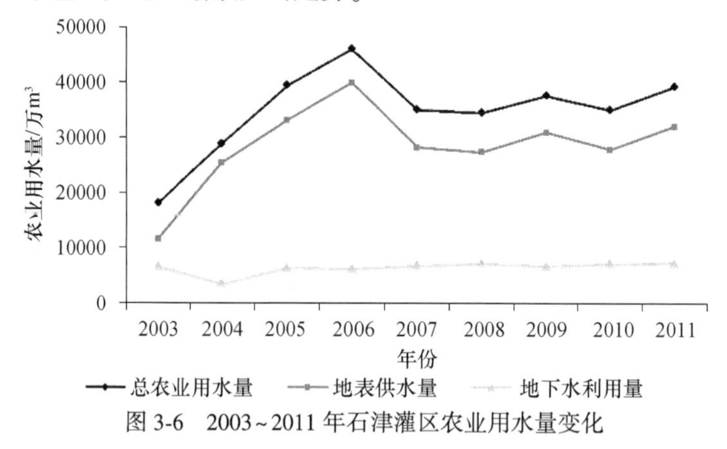

图 3-6　2003～2011 年石津灌区农业用水量变化

四、农业用水量减少的原因解析

（一）农业用水水源方面

水库供水是石津灌区农业用水的最主要来源，水库供水量减少是灌区农业用水量减少的一个重要原因。分析黄壁庄水库农业供水量减少的原因，一方面由于海河流域气候变化导致降水量减少，加上上游经济社会发展用水量增多，从而使得水库来水减少。通过分析海河流域的降雨特征，海河流域 1948～1964 年年平均降水量为 662mm，属于丰水期；1965～1996 年年平均降水量为 528mm，属于平水期；1997～2011 年年平均降水量为 387mm，属于枯水期。可见，对海河流域整体而言，近 50 年来降水量处于由丰转枯的阶段，近 20 年来枯水状态越来越严重。同时，在滹沱河上游地区城镇化和工业化进程的影响下，各行业用水量大幅度增加，致使岗南、黄壁庄两水库入库水量逐步减少。

由 1960～2011 年黄壁庄水库的入库水量变化可知，水库的来水量近 50 年来有较为明显地减少趋势，这是因为滹沱河径流量近年偏枯，尤其是1998年以后，如图3-7所示。20世纪60年代、70年代、80年代、90年代黄壁庄水库平均来水量分别为23.06亿m^3、14.95亿m^3、7.25亿m^3、9.47亿m^3，而2000年之后农业供水量平均为4.82亿m^3；20世纪90年代以来，除了1996年水库来水量偏丰为37.86亿m^3，其他绝大多数年份来水量均小于7亿m^3，减少较为明显。因此，受海河流域总体缺水和上游用水增加的影响，水库来水量减少，对农业供水而言也必然会相应缩减。

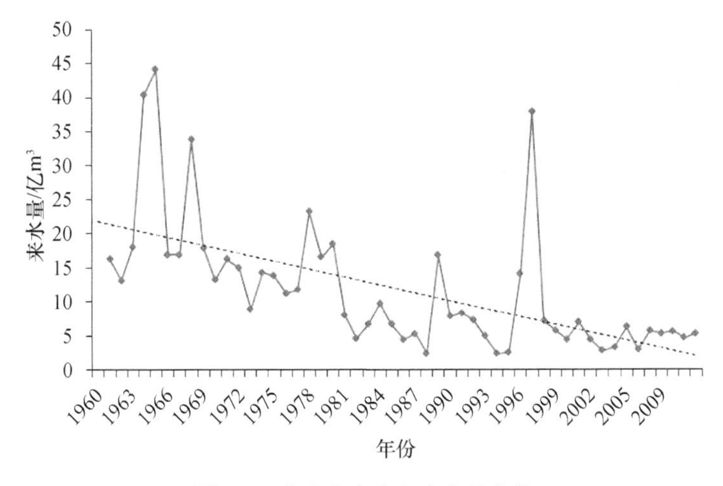

图3-7　黄壁庄水库入库水量变化

同时，城市和工业供水也潜在地挤占了部分原本属于农业的供水，使得灌区引水量明显减少。岗南、黄壁庄水库近年来已成为河北省会石家庄城市供水的水源地，除此之外，水库还向西柏坡电厂等工业企业供水。在城市供水方面，自1996年以来，岗、黄两库联合开始向西柏坡电厂、石家庄地表水厂和石家庄市环境工程供水，如民心河、汉河的生活环境供水。黄壁庄水库从1993年开始向西柏坡电厂供水，1993~2011年供水以来共引水3.63亿m^3，年均引水量约0.20亿m^3。从西柏坡电厂的供水变化可知，近年来水库为电厂的供水呈增加态势，由1993年的0.02亿m^3增加至2011年的0.23亿m^3，增长了约10倍。从2000年起岗南水库直接为石家庄地表水厂和石家庄市环境工程供水，年供水量约0.7亿m^3。截至2002年年底，岗南水库为石家庄生活及生态累计供水4.147亿m^3，为改善石家庄城市生活用水质量、促进经济发展起到了重要作用。

另外，黄壁庄水库和岗南水库还分别自1996年和1998年起开始向石家庄城市生活和城市环境供水。1996~2011年石家庄地表水厂共从岗、黄两水库引水9.70亿m^3，年均引水量为0.61亿m^3。1998~2011年供水以来石家庄地表水厂共从岗、黄两水库引水2.92亿m^3供给生态环境。据统计，2011年黄壁庄水库为农业以外的供水总量约为 1.11 亿 m^3，这部分用水占了同期水库农业供水的 33.5%。除此之外，黄壁庄水库和岗南水库还从 2008 年起（2008 年是为服务奥运首次应急供水）开始联合向北京供水，一定程度上缓解了北京的缺水状况，减少了地下水超采情况，提高了首都的供水安全保障。

由于工农业比较效益的差异，水库近年来向工业企业供水量呈增长趋势，见图 3-8。据了解，水库给农业供水的水价较低，约 0.1 元/m^3，黄壁庄水库管理局每年收取的水费中农业供水仅占 400 多万元，而工业企业供水收取的水费则远高于此。

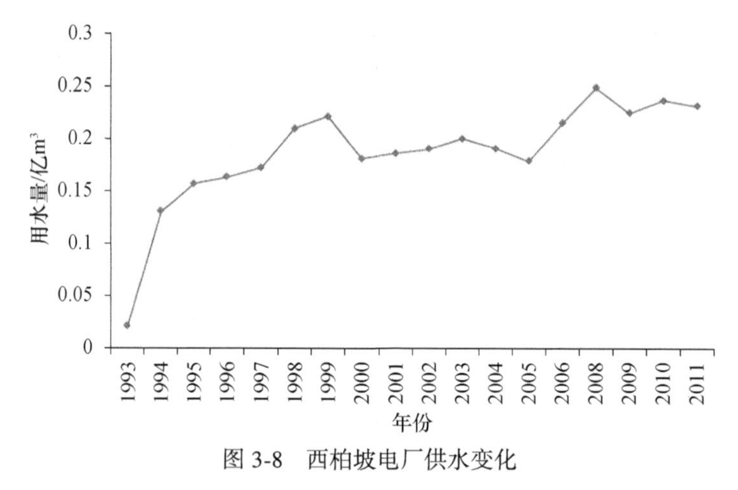

图 3-8　西柏坡电厂供水变化

（二）灌区自身耕地变化和管理方面

1. 灌区农业耕地面积萎缩，灌溉面积近年来不断减少

以石津灌区为案例，灌区灌溉面积的变化大致经历了四个时期：一是 1958～1973 年的发展时期，规划灌溉面积突破 200 万亩，有效灌溉面积接近 200 万亩；二是 1974～1984 年的昌盛时期，规划灌溉面积达到 225 万亩，实际灌溉面积超过 270 万亩；三是 1985～1993 年的衰减时期，规划灌溉面积减少到 142 万亩，有效灌溉面积仅 125 万亩；四是 1994 年至今的稳定时期，规划灌溉面积 200 万亩，有效灌溉面积稳定在 100 万亩左右。灌溉面积的变化经历了四个时期，但基本上呈递减的趋势。20 世纪 60 年代后期至 80 年代初期，石津灌区有效灌溉面积维持在 200 万亩以上，目前灌区有效灌溉面积约 140 万亩，其中渠灌面积 72.34 万亩，井渠双灌面积 67.66 万亩，井灌面积 33.06 万亩。灌溉面积的减少有其客观原因，流域水资源量日益短缺，灌溉水源受限，很多耕地无法实施供水灌溉，导致灌溉面积下滑，灌区的灌溉用水量较少的年份仅用 1 亿多立方的水量来灌溉。

2. 灌区目前仍以漫灌为主要灌溉方式，灌溉工程老化现象严重

石津灌区是在新中国成立前修建的“石津运河”和“晋藁渠”的基础上扩建而成的，1958年随着岗南和黄壁庄两大水库的修建又进行了大规模扩建，但是由于工程设施“先天不足”，运行管理“后天失调”，造成工程老化失修，这也在一定程度上造成灌区灌溉面积不断萎缩。在后来的运行中也简单修建了一批闸、涵、桥等建筑物，受当时技术、资金、建筑材料以及设备等条件的限制，渠系建筑物工程标准低，施工质量保证率也较低。在几十年的使用过程中，由于投入不足，工程老化失修严重，许多建筑物带病运行甚至到了报废的程度。近年来，虽然投入大量资金对部分重点渠段和建筑物进行了改造，但大部分干渠、分干渠下游及支斗渠工程仍很破旧，特别是部分渠线长、受益面积大的渠道，向下游输水困难，轮灌周期长，影响了输水能力，对下游用水带来了消极影响，也一定程度上导致灌溉用水量减少。

3. 城市建设用地外延增长和村庄外扩挤占了耕地面积，毁坏了农田渠系造成灌溉水量的减少

一般而言，当城镇化水平较低时，城市扩张的方式是以扩大土地面积的方式来实现的。在城镇化进程中，村庄外扩和城市建设用地外延式增长必然占用大量土地，很多耕地相应被挤占，与此同时耕地上附着的农田灌溉渠系系统也不免受到破坏，加上道路建设截断和部分灌溉渠道堵塞，这是城镇化中对农业用水过程的一个显著影响，其结果是直接降低了农田灌溉供水的保证率，导致了灌溉用水量的减少。

4. 农业用水比较效益低，农民用水意愿不足

石津灌区从1963年开始征收水费，当时的水费标准为0.005元/m^3，1965年开征水源费，当时水源费标准为0.0003元/m^3（以渠首计量）。1966年按照河北省人民政府颁布的《水利工程水费征收使用管理实行办法》的规定，灌溉水费改为0.003元/m^3，其中灌区水费为0.0027元/m^3，水源费仍为0.0003元/m^3。1973年以后经过数次涨价，至2008年，灌区水价调整为0.15元/m^3。每一次水价调整后，灌区有效灌溉面积都会有比较大的波动。相对于其他消费品价格的提高，农业用水生产效益太低，农民灌溉意愿不足，这也导致了灌溉用水量的减少。

5. 水质的影响

岗南水库、黄壁庄水库对灌区的供水水质从20世纪60年代起长期保持在Ⅱ类水以上。石津总干渠自西向东流经石家庄、藁城、晋州、辛集、深州，全长

134.2km。但改革开放以来，随着工业生产的发展和城市规模的扩大，产生了大量工业废水和生活垃圾，污水未经处理直接排进渠道。据统计，石津总干渠有正在排放的排污口 4 个，其中石家庄华曙制药厂排水量为 2.59 万 t/d，晋州市魏征路排污口、晋深桥污水口、渗水坑污水口（晋州城东渠北岸总排污口）同属晋州市集水管出口，总排水量为 1.31 万 t/d。在非灌溉季节，大量污水滞留渠内，造成了水体污染，致使沿途水环境迅速恶化。尽管在灌溉季节，灌区都采取了灌前冲污的办法，但还是在 1993 年和 1999 年发生了两次严重污染事件，两次事件总计受灾面积达 176.27hm^2。污水不但破坏了环境，而且腐蚀和损坏了渠道建筑物，缩短了工程使用寿命，给灌区造成了巨大的经济损失。此外污水严重干扰了灌区用水秩序，造成了近年受益村都不愿意先用水的局面，很大一部分面积停灌，直接影响了农业用水。

6. 农业政策和种植结构等影响

石津灌区是以农业供水为主的供水工程管理单位，农村的发展状况直接影响着灌区的发展。近年来，我国农村经历了家庭联产承包责任制、农村土地流转等土地制度改革和农村产业结构调整，给灌区农业用水带来了新的挑战。从调查结果看，在 20 世纪 70 年代有效灌溉面积最大，农业生产主要以种植粮食作物为主，且来水较多，人们普遍用渠水，灌溉面积较大。随着农村产业结构的调整，市场开放和积极发展多种经营的产业政策取代过去“以粮为纲”的产业政策，在保证粮食产量持续增长的前提下，生产结构开始逐步进行调整，林果业、水产业等比重逐步上升。渠水灌溉方式单一、季节性强、灌溉保证率低，不能及时满足农民用水需求，致使一些农民不得不放弃渠水灌溉，这也会导致渠水灌溉供水量的减少。

7. 用水效率提高，使得农业用水主动减少

在中央和地方财政的支持下，石津灌区 2000 年实施了灌区节水改造和续建配套工程，支渠以上的渠道大多进行了衬砌，使得渠系水利用系数较以往有了较大的提高。目前，石津灌区分干渠道水利用系数平均为 0.902，支渠平均为 0.906，斗渠多年平均为 0.85，具有较高的输配水效率。但是，长条形田间布置，导致田间渗漏量较大，田间水利用系数较低，进而导致总灌溉水利用系数平均为 0.476，但也比以往有较大的提高。

另外，灌区灌溉用水量的减少，可能还与农业灌溉相关的制度、配套、服务等因素有关，如小型农田水利工程的产权不清和责任不明，也会导致渠系供水功效发挥不足等。

第三节 保障农业用水的措施和取得的成效

（一）实施节水改造项目，提高用水效率

石津灌区是水利部续建配套与节水改造试点灌区之一，自1997年始至今，已争取到十三期项目资金1.84亿元，累计完成投资1.59亿元，防渗渠道189km，配套或改造建筑物491座，恢复和改善灌溉面积138万亩，新增粮食生产能力1.66亿kg，直接社会效益2.66亿元。石津灌区也是水利部2004年度末级渠系改造试点灌区和2008年农业水价综合改革试点灌区，两项目共完成投资1020万元，其中省级以上投资720万元，用水协会自筹300万元。项目实施后，恢复灌溉面积0.5万亩，改善灌溉面积3.92万亩，项目区农业灌溉水有效利用系数提高了15.6%，农民亩次灌溉成本降低了15.9%。骨干工程和末级渠系的配套改造，使全灌区水有效利用系数提高了5%，目前灌区渠系水利用系数提高到0.48~0.55，灌溉水利用系数提高到0.38~0.48，灌溉周期缩短了5d，年节水约1400万m^3，显著提高了区域农业素质和综合生产能力，为当地节水型社会建设、粮食安全、国民经济发展和新农村建设提供了有力保障。

（二）水管体制改革，理顺管理机制

石津灌区是水利部和河北的水管体制改革试点单位之一，2002年启动，2007年11月通过省级验收。灌区通过重组机构，理顺工作职能，推进分类管理，改革运行机制；实施竞争上岗，改革干部选拔机制，开展民主选才，改革用人机制；实行效绩挂钩，改革分配机制。通过上述改革措施，灌区职能进一步清晰，权责进一步明确，管理体制进一步理顺，内部管理进一步科学，运行机制进一步顺畅，灌区经济效益和社会效益稳步提高。

灌区自1996年起组建农民用水户协会以来，农户参与管理模式已与灌区实际有机融合，目前具有独立法人地位的用水户协会已发展到18个，管辖灌溉面积72.3万亩，占灌区自管面积的81%。结合灌溉，协会推行以水量、水价、水费账目、工程维修为主要内容的“四公开”和以输水、计量、收费、服务为主要内容的“四到斗”，严细透明管理；实行“斗渠核算”，划小核算单元；工程维修“一事一议”；加强财务监管，试行“组财会管”；推行供用水双方测流签字、水情信息逐级逐日上报、协会对用水组和用水组对用水户两级水务公开“三项制度”；组建专业管理队伍，鼓励限价承包、联片联户灌溉等，全面推进了农民用水决策民主化、管理专业化、水务公开化，保障了农业用水。

（三）灌区信息化建设，提高科学管理水平

石津灌区按照“科学设计、分步实施、因地制宜、先进适用、高效可靠”的原则，2003 年以来投入 1300 万元建成了水情监测、用水管理、财务管理、水费征收和水务公开、计算机网络、基础数据库、三级测站数据实时上传、视频会议、闸门自动监控等系统，提高了灌区科学管理水平。

第四节 存在的问题

（一）灌溉工程设施老化失修，配套不完善

石津灌区工程老化问题比较严重，整个灌区内几乎没有设施农业，喷灌、滴灌等节水工程配套设施缺乏，灌区最主要的灌溉方式仍是土渠灌溉和大田漫灌，农田水利用效率虽然逐步提高，但是与节水发达地区还有一定差距。节水设施配套率为 25%，渠道节水效果并不明显，多数财政资金都用在了骨干工程的改造上，导致支渠以下的配套工程进展缓慢。在导致农业用水减少的诸多因素中，工程老化占了很大比例，对农业生产也产生了较大影响。同时，农业基础设施建设滞后、测算体系不完备、取水许可不严格、自备井监管难度大等因素，给保障农业用水带来很大挑战。

（二）管理工作未得到足够重视

近年来地方财政对灌区建设的投入中，农田水利工程建设投入资金比例相对较大，而灌区管理领域较少涉及，缺乏对与管理相关的软硬体设施建设的投入，人员、设备的养护费用也相对不足。以当地农民用水户协会为例，协会经费由灌区负责，管理经费取基本水价的 20% 和计量水价的 10%；农民入会手续复杂，年检程序较多，评估和审计费用较高，给用水户协会发挥作用以及灌区的农业用水保障带来不利影响。

（三）土地和用水的转变，对农业用水保障带来挑战

城镇化、工业化发展不可避免地会占用一部分耕地，如城镇化基础设施建设、交通道路基础设施建设、工业园区建设等。在不考虑其他因素作用的情况下，耕地面积减少自然会导致农业用水量的减少。被占用的耕地用来支持城镇化发展，导致城镇和工业用水比例进一步提高，在供水总量不变的情况下，农业用水存在被挤占、移用的风险。同时，由于缺乏有差别的用水水价政策，部分农业用水转移到非农业领域中仍享受农业用水的优惠价格，这部分用水监管难度大，对保障农业用水构成一定威胁。此外，由于城镇发展的规划与农业发展规划的不

匹配，城镇道路在修建和扩建过程中截断或堵塞农业输水渠道，给农业用水保障带来较为严重的影响。

第五节　相关对策与建议

一是加大政策扶持力度。全面贯彻落实改革开放以来、特别是中共十八大以来制定的一系列兴农惠农政策，进一步巩固农业在国民经济中的基础地位，加强对农田水利建设的重视程度，把解决好农业、农村、农民问题作为安邦治国之本，不断加大各级财政对农业生产和农村基础设施建设的投入，推进社会主义新农村建设。进一步加大农村水利和农业节水的投入，统筹协调农村水利和城市水利，把农业节水作为节水型社会建设的重点。由于农业和农村处在弱势地位，中央和地方各级财政的水利投入应更多地向农业和农村倾斜，同时充分调动社会资金对水利投入的积极性，促进农村水利基础设施建设，使之与保障粮食安全和新农村建设的要求相适应。

二是坚持“城市支援农村，工业反哺农业”的方针。新中国成立几十年来，农业和农村为工业化、城镇化的发展提供了基础性的支撑作用和强有力的推动作用。经过几十年的发展，我国的工业化和城镇化已取得了长足的进步，综合国力不断增强，已具备了城市支援农村、工业反哺农业的条件和能力，应以中央和地方各级财政的转移支付为主渠道，切实加大“三农”投入，促进农村与城市、第一产业与二三产业的协调发展。

三是完善农业供水单位的管理机制。农业供水的非盈利性原则，决定了农业供水单位具有经营性和公益性的双重属性。农业节水在总体上具有社会、经济、生态等方面的综合效益。但与此同时，许多灌区管理单位的水费收入随农业用水量的下降而相应减少，从而给自身的效益带来了负面影响。因此，对农业供水单位的公益性支出给予合理的补贴，以保障农业用水作为服务目标，这样对粮食安全更有利。

第四章　宁夏回族自治区

宁夏回族自治区是我国五大自治区之一，是全国8个宜农荒地超千万亩的省区之一，也是全国4大灌区和12个重要的商品粮基地之一。2012年全区粮食总产量达到375万t，比上年增加16.1万t，粮食连续9年实现增产。在播种面积比上年减少36.3万亩的情况下，粮食总产量却比上年增产，得益于自治区进一步加大强农惠农力度、坚持种植业结构调整、加强农田水利投入等一系列措施。为了解宁夏在保障农业用水，进而保障粮食安全方面的做法，作者于2013年8月14~16日赴宁夏银川，采取实地考察和座谈交流相结合的方式，分别与自治区水利厅、自治区水文局、唐徕渠灌区管理处及有关灌溉管理所、农民用水户协会等单位和组织进行了深入交流。有关情况如下。

第一节　基本情况

一、城镇化、工业化、农业现代化发展基本情况

（一）城镇化发展现状

宁夏地处我国西北地区东部，总面积6.64万km^2。2012年全区总人口为647万，其中城镇人口328万，城镇化率为50.7%，比2007年提高了6.7个百分点，回族人口所占比重近36%。近年来，宁夏大力实施沿黄城市带发展战略等一系列战略措施，极大地推动了宁夏城镇化发展进程，城镇化水平持续、快速提高，全区城乡面貌得到了显著改善。沿黄经济区被纳入全国“两横三纵”城市化战略格局，并被列为全国18个重点开发区之一。2013年宁夏又做出了打造内陆开放型经济试验区、打造宁南区域中心城市和大县城建设的重大战备决策，进一步增强了宁夏城镇化发展的动力，宁夏城镇化发展进入了崭新发展阶段。

（二）工业化发展现状

通过大力发展能源、煤化工、新材料、装备制造、特色农副产品加工及高新技术等优势特色产业，工业结构出现了新的格局。“五优一新”产业增加值占规

模以上工业比重达到70%以上，形成了煤电铝、煤炭炼焦化工、电石PVC等一系列产业集群。宁东能源化工基地已被国家确定为13个大型煤炭基地、4个“西电东送”火电基地之一。石嘴山被列入全国循环经济试点城市。全区工业园区，特别是“五大十特”园区快速发展，石嘴山经济开发区、灵武羊绒产业园、吴忠金积工业园被认定为国家新型工业化产业示范基地。

2012年全区全部工业总产值3015亿元，是“十五”末的4.7倍。全区规模以上工业企业户数达到997户，比2005年末增加349户，增长54%。规模以上企业总资产由1095亿元扩大到近3000亿元，是2005年的2.7倍。全区规模以上工业增加值年均增长16.5%，比同期地区生产总值年均增幅高4.3个百分点，2012年全区工业增加值为878.6亿元，占GDP的比重达到38%，工业仍然是拉动地区经济增长的不可或缺的力量。

（三）农业现代化情况

被誉为“塞上江南”的宁夏平原，海拔1100~1200 m，地势从西南向东北逐渐倾斜。黄河自中卫入境，向东北斜贯于平原之上，河流顺地势经石嘴山出境。平原上土层深厚，地势平坦，加上坡降适宜，引水方便，便于自流灌溉。所以，自秦汉以来，劳动人民就在这里修渠灌田，发展灌溉农业，经过2000多年的开发，现已成为全国重要的商品农业生产基地。

2012年，全区完成农业总产值385.9亿元；实现农业增加值200.2亿元；粮食生产在结构调整中稳步发展，总产达到375万t，实现“九连增”。特色优势产业年均保持两位数增长，枸杞、设施瓜菜、马铃薯、硒砂瓜、苹果、红枣、葡萄和甘草等一批特色优势农产品产业带，呈现出区域化布局、规模化生产、产业化经营格局。特色优势产业产值占农业总产值的比重达到82%以上。

二、水资源开发利用情况

（一）水资源量

（1）地表水资源量。宁夏全区多年平均降水量289mm，水面蒸发量1250mm。当地多年平均地表水资源量9.49亿m^3，其中泾河3.26亿m^3、葫芦河1.53亿m^3、清水河1.89亿m^3，占全区当地地表水资源量的70%。扣除难以利用的汛期洪水、苦咸水和预留生态基流量6.49亿m^3，当地地表水可利用量3.0亿m^3。

（2）地下水资源量。全区多年平均浅层地下水资源量23.52亿m^3，可开采量11.2亿m^3。其中当地地下水资源量2.14亿m^3，主要分布在引黄灌区、贺兰山东麓地区，可开采量1.5亿m^3。引黄河水灌溉和当地地表水补给浅层地下水资源量 21.38 亿 m^3，可开采量 9.7 亿 m^3。

（3）过境黄河水资源量。多年平均进入宁夏（下河沿水文站）地表水资源量 306.8 亿 m^3。黄河地表水资源利用受国家分配指标限制，1987 年国务院黄河分水方案（简称“87”分水方案）按耗水口径分配给宁夏黄河可利用水资源量 40 亿 m^3。其中黄河干流 37.0 亿 m^3，当地地表水 3.0 亿 m^3。

（4）水资源总量及可利用量。当地水资源总量 11.63 亿 m^3，其中地表水资源 9.49 亿 m^3，地下水资源量 2.14 亿 m^3（不包括与黄河水、当地地表水重复的引黄灌溉、当地地表水补给浅层地下水资源量），当地水资源可利用量 4.5 亿 m^3。计入黄河干流地表水可利用量，按耗水口径计算，全区水资源可利用总量为 41.5 亿 m^3。

（二）国家分配取用水指标

2013 年《国务院办公厅关于印发实行最严格水资源管理制度考核办法的通知》［国办发（2013）2 号］中按取水口径分配给宁夏取用水总量为 2015 年 73 亿 m^3，2020 年 73.27 亿 m^3，2030 年 87.93 亿 m^3，包括黄河地表水、当地地表水、地下水和中水。

（三）现状供用水量

按取水口径统计，2010～2012 年平均全区总取用水量 73.07 亿 m^3。比国家分配给宁夏 2015 年取用水指标 73 亿 m^3 超 0.07 亿 m^3。按水源划分，引扬黄河水 66.70 亿 m^3，占 91.3%；当地地表水 0.88 亿 m^3，占 1.2%；地下水 5.49 亿 m^3，占 7.5%。按行业划分，农业取水 65.36 亿 m^3，占 89.4%；工业 4.55 亿 m^3，占 6.2%；生活 1.95 亿 m^3，占 2.7%；湖泊湿地 1.21 亿 m^3，占 1.7%。

按耗水口径统计，2010～2012 年平均全区耗水总量 36.18 亿 m^3，其中地下水 2.56 亿 m^3，黄河水 32.84 亿 m^3，当地地表水 0.78 亿 m^3。各行业耗水中，农业 31.42 亿 m^3，占 86.8%；工业 2.52 亿 m^3，占 7.0%；生活 1.03 亿 m^3，占 2.9%；湖泊湿地 1.21 亿 m^3，占 3.3%。

三、灌区发展情况

（一）灌区历史与现状情况

宁夏平原以青铜峡为界，分为南北两部分。青铜峡口以南是卫宁平原，比较狭窄，宽 2～10km，坡度较大，不仅有利于灌溉，排水也比较方便，地面径流及地下水均可顺利排入黄河，地下水位较低，土壤盐渍化现象较少。青铜峡以北是银川平原，地形开阔，有的地方竟达 40km² 以上，尤以黄河以西的地区，平原面积较广。这里坡度较小，引水虽方便，但排水欠佳，过去缺乏良好的排水系统，积水汇集于洼地，人为地增加了许多湖泊。由于排水不畅，地下水位抬高，土壤的盐渍化现象严重。新中国成立后加强了排水措施，盐碱滩被改造成为沃土，很多湖泊被排干，垦为农田。

宁夏引黄灌区位于自治区中北部，南起中卫沙坡头，东邻鄂尔多斯台地，西倚贺兰山，北至石嘴山。灌区呈南高北低和西高东低走向，南北长320km，东西宽40km，面积8600km^2，2013年有效灌溉面积771万亩，其中自流灌区560万亩，扬水灌区211万亩。以黄河青铜峡为界，以上为沙坡头灌区，灌溉面积106万亩，以下为青铜峡灌区，灌溉面积470万亩。灌区粮食总产量由1949年的16万t增加到2012年的230万t，增长了14倍。引黄灌区以占全区1/3的耕地面积，生产了占全区3/4的粮食，是宁夏经济和社会发展的精华地带。

扬水灌区位于清水河、苦水河两侧及毛乌素沙漠周边，有固海、盐环定、红寺堡、固海扩灌、南山台子、扁担沟和甘城子7处大型灌溉泵站工程，共有泵站100座，装机643台（套），总装机容量43.8万kW。主要承担宁夏中部干旱带少数民族聚居区农业灌溉、人畜饮水安全和工业、生态用水等供水任务。其中固海、盐环定、红寺堡、固海扩灌4大扬水工程总装机容量37.67万kW，最高扬程651m。设计总流量77.2m^3/s，泵站59座，主机组438台（套），干渠总长726km，年均引水量7.82亿m^3，年均耗电量6.6亿kW·h。

灌区为内陆沙漠性气候，自流灌区平均海拔高度为1100~1200 m，扬水灌区为1200~600 m，灌区土壤肥沃，光热资源丰富，特别适宜发展灌溉农业。1958年宁夏回族自治区成立后，引黄灌区进行了大规模的扩建改造，全灌区内现有干渠25条，总长2290km，干渠总引水能力750m^3/s；排水干沟34条，总长1000km，排水面积600万亩，排水能力650m^3/s。近几年灌区平均引黄水量63亿m^3，耗水量34亿m^3，2012年灌区灌溉水利用系数为0.45。

（二）灌区运行管理情况

宁夏引黄灌区灌溉管理按干渠渠系设置10个渠道管理处和1个供水公司，其中10个渠道管理处隶属自治区水利厅。各渠道管理处下设管理所（泵站）、段。全灌区共有管理所（泵站）94个，管理段162个，正式职工3700多人。支渠以下由灌区农民民主选举组建的农民用水协会参与管理，共组建农民用水协会821家，协会管理人员4804人，控制灌溉面积540.8万亩，占70.1%。

灌区水价由自治区人民政府统一定价。农业供水以干渠直开口或支渠直开口为计量点，实行按方计量收费。现行农业灌溉水价标准分别如下：自流灌区农业用水3.05分/m^3，超定额用水加价2.0分/m^3；扬水灌区农业用水，固海、固扩13.7分/m^3，红寺堡13.5分/m^3，盐环定15.7分/m^3，超定额用水加价5.0分/m^3。

（三）灌区建设的发展规划及落实措施

坚持统筹兼顾、科学规划，到2015年引黄灌区建成现代节水型灌区，全区取水量、耗水量基本控制在国家分配指标以内，农田灌溉水有效利用系数提高到0.48以上。完成70%以上的大型灌区和50%以上的重点中型灌区骨干工程续建配套与节水改造任务，新增有效灌溉面积50万亩，改造中低产田150万亩，新增高效节水灌溉面积300万亩。完成中部干旱带高效节水补灌工程、青铜峡、固海大型灌区续建配套与节水改造工程、沙坡头南北干渠及灌区节水改造工程、大型泵站更新改造工程、中型灌区节水改造工程、节水示范工程等。

（四）农业灌溉用水变化情况

2012年，灌区共引水60.81亿m^3，比水利部黄河水利委员会下达指标少10.81亿m^3，少15.1%。2011~2012调度年，分配给宁夏耗水指标35亿m^3，实际耗水32.53亿m^3，比国家分配指标少2.47亿m^3，少7.1%。宁夏连续4年实现不超年度分配耗水指标。

在农业用水方面，受粮食价格影响，灌区作物种植结构发生较大变化，小麦种植面积逐年减少，水稻种植面积基本稳定，玉米、设施农业、经济作物种植面积逐年增加。据农业部门统计，2012年灌区单种玉米300万亩，种植面积最大，占40%；小麦80万亩（含冬小麦10万亩），占10%；水稻135万亩，占17%；其他作物240万亩，占33%。从引水情况看，4~5月份的日均引水流量减少，6月中下旬开始，灌区日均引水流量增加，用水高峰期更加集中。

第二节　保障农业用水的措施和成效

（一）引入水权理念，科学制定灌区水权分配方案

2009年，根据自治区建设节水型社会的要求，依据水权理论，参照近年实际引用水情况，经自治区人民政府批准下发了《宁夏黄河水资源初始水权分配方案》（宁政办发［2009］221号）。近年来，宁夏按照《初始水权分配方案》，根据水利部下达的年度用水计划和黄委会下达的黄河干支流月旬控制指标，按照“以供定需，总量控制，水权管理”的原则，严格编制审定《灌区年度水量调度预案》，把黄委分配的引水指标分配到各大干渠，用水指标分配到各市县。行水期间，根据年度水量调度预案，结合黄河来水、灌区气象、用水需求等，逐旬编制《水量调度方案》，实行流量和水量双指标控制。实践证明，明确水权，以供定需，对指导灌区做好抗旱保灌工作，稳定灌溉秩序，充分利用有限的水资源，确保上下游均衡用水具有重要作用。

（二）强化水量调度，优化水资源配置

根据黄河来水情况和灌区用水实际，对灌区引用水实行“年控制，月计划，旬安排，日调节”的调度模式，严肃调度纪律，使水量调度方案得到很好的执行。水管单位各级调度部门坚持每周“调度例会”制度，分析用水需求，研究灌溉重点，确定调度方案，有效配置水资源。调度过程中，根据黄河水情和灌区用水需求变化，对各大干渠引水流量进行实时调整，既确保了计划的严肃性，又增强了计划的灵活性。各大干渠通过采取集中供水、支渠轮灌等措施，强化水量调度，优化干渠运行方式，严格执行交接水制度，切实保障了灌溉秩序，确保灌区均衡受益。

（三）实行多水源联合调度，化解时段性缺水矛盾

采取井渠掺灌、沟水回归利用、库湖丰蓄枯补等措施，实行多水源联合调度，拓展了供水领域，削减了引水高峰，提高了农业供水保障程度，实现了地表水（主要是引黄河水）、地下水联合调度，农业、工业、生活及生态用水统筹配置。2008年以来，为解决渠道末梢段的灌溉难问题，减轻土壤盐渍化现象，在平罗、惠农、灵武、贺兰四地，推行了井渠结合灌溉工作，在地表水、地下水统一调配及渠道、机井联合运用上进行了积极的探索与尝试。目前，井渠结合灌溉面积发展到25万亩，年均节约引黄水量4000多万m^3，节水保灌、改土增效成果显著，井渠结合灌溉模式日趋成熟。同时，充分发挥调蓄水库灌溉调蓄作用，实行丰蓄枯补调度方式，在灌溉高峰期向下游补水；开启电力排灌站、抗旱移动泵抽取河湖沟水进行补灌，保障末梢段农田的适时灌溉，弥补了渠道来水不足的影响。

（四）加强工程建设，强化调度手段

宁夏大型灌区续建配套与节水改造项目自1998年实施以来，累计完成投资14亿元，共完成骨干渠道防渗砌护776km，除险加固渠道84km，改造骨干建筑物846座，整治排水沟道158km，建设节水型示范区7个。通过实施项目，干渠砌护率由13%提高到28%，骨干建筑物完好率由48%提高至66%，引黄灌区灌溉水利用系数由2005年的0.38提高到2012年的0.45，引水量较1999年减少23.2亿m^3，初步完成了除险工段、解决安全隐患、保障安全运行的任务，有效改善灌溉条件，增强了渠道工程的调控能力，缓解了灌区上下游用水矛盾，提高了下游地区灌溉保证率，有力地支持了宁夏的工业化、城镇化发展，取得“节水、减负、增效”三赢效果。

（五）完善制度，构建统一调度管理体系

为进一步加强黄河宁夏段水量统一调度工作，促进宁夏水资源优化配置，节约和保护水资源，依据《黄河水量调度条例》，灌区各级水利部门不断健全和完善制度体系，切实加强了水量调度工作。自治区人民政府先后出台了《宁夏节水型社会建设管理办法》《宁夏节约用水条例》《宁夏黄河水资源县级初始水权分配方案》《宁夏水资源论证管理办法》《宁夏黄河宁夏段水量调度管理办法》《宁夏引（扬）黄灌区节约用水奖励办法》等一系列管理制度，进一步明确了各级调度管理部门职责，切实将黄河干、支流调度管理责任落到了实处。在黄河支流取水的各市县及有关单位进一步加强水量调度体系建设，配套完善测量水基础设施及监测设备，充实各级水量调度人员，建立水量分配、水量调度、岗位值班、监督检查等规章制度，规范水量调度行为，为水量调度有序进行提供保障，逐步实现水量调度的科学化、规范化和制度化。

（六）深化改革，提高灌区供水服务水平

从2004年开始，在灌区实施了农业供水管理体制和水价形成机制改革，逐步形成了以“农民用水协会+一把锹淌水[①]”管理模式为主的农业供水管理体制。水管单位调整内部职能，强化服务意识，指导帮助协会做好支渠以下的用水管理工作。改革取得了明显成效，理顺了管理体制，规范了用水管理，提高了灌溉效率；规范了水费收缴行为，促进了水费公平负担；增强了群众节水意识，有力推进了宁夏社会主义新农村建设。

第三节　存在的问题

水资源匮乏、干旱缺水、经济欠发达是宁夏的基本区情。尤其是全境位于黄河流域，过境水较多，本地水极其缺乏，缺水状况突出，水资源供需矛盾尖锐，节水型社会建设依然任重道远。

一是工业和城市发展水源不足，煤炭等优势资源开发缺乏水资源支撑，水资源极度紧缺已经成为制约宁夏经济社会发展的主要瓶颈。

二是维系人们生存环境的生态用水大量被生产挤占，生态环境脆弱，湖泊、湿地萎缩，水体污染严重，河流、沟道水质恶化。

三是农业种植结构单一，时段性供水压力大，农业用水矛盾依然突出。

---

① 一把锹淌水：农民用水协会在水稻插秧结束后，将水稻添水工作安排专人负责，农户不再家家都上渠淌水，受益农户按照一亩15~30元不等的标准付给淌水人员。有的地区旱作也实行了一把锹淌水，农户自己施肥，协会安排专人负责淌水，受益农户按照一亩淌一水1~2元的标准给淌水员支付工资。

四是全社会节水意识不强，灌溉管理水平仍较粗放，有利于水资源节约和高效配置的管理机制有待进一步完善，节水工作力度还有待于进一步加强。

五是干渠调控手段和抗旱应急能力弱，干渠末梢段和部分高口高地灌溉供用水矛盾仍然突出。

六是水权理念和以水定植、以供定需意识薄弱，水资源统一管理和优化配置工作还需要不断加强。

第四节　相关对策与建议

（一）实行多水源调配，实现水资源综合利用

充分发挥机井、临沟泵站、调蓄水库、湖泊作用，采取井渠掺灌、沟水回归利用、库湖丰蓄枯补等措施，实行多水源联合调度，削减引水高峰，在灌溉高峰期向下游补水，提高农业供水保障程度。保障末梢段农田的适时灌溉，弥补渠道供水不足的影响。在保证干渠运行安全和防汛安全前提下，加大干渠引水流量，用足用活剩余水量，满足灌区作物用水需求。

（二）大力推行节水技术，提高农业用水效率

盐池、红寺堡等扬黄灌区，由于实行了“水指标到户”的配水制度，群众的节水意识已经转化为“量水耕种”的自觉行动。当地政府通过集中力量实施一批集中连片的高效节水灌溉示范区，加快了节水型灌区建设进程，为本县域工业不断增长的用水需求扩展了无限空间。在此基础上，应当在其他灌区推行“水指标到户”的经验，大力推行节水技术，提高农业用水效率。

（三）改革水费收缴政策，实行差别化水价标准

建立合理的水价形成机制，制定行业间用水差别水价标准。工业、服务业、旅游业等盈利性行业加计利润和税金，实行全成本收费；养殖业加计水体污染处理成本；种植业中，对高耗水经济作物和规模农业企业、家庭农场的经济作物适当提高水价，对粮食和一般经济作物，由自治区财政进行补贴（类似于良种和农机补贴政策），执行“统一标准，缴补分离”的水价水费政策。

（四）变革土地经营模式，推行规模化、集约化经营

节水即节能，有利于水利工程高效运行；节水即减负，有利于解决低水价问题；节水即减渍，有利于改良土壤品质。目前农村土地经营现状不利于节水，但有利于推行土地规模化、集约化经营。通过土地流转，成立家庭农场、公司经营或大户经营等模式，组建真正意义上的用水户协会，实现工程、农艺、管理节水。

第五章 吉 林 省

吉林省地处中国东北中部，是国家重点建设的生态示范省，全省辖区面积18.74万km^2，其中耕地553.78万hm^2，占总面积的28.98%，人均耕地0.21hm^2，是全国平均水平的2.18倍。吉林是全国商品粮大省，盛产玉米、水稻、大豆和杂粮杂豆等优质农产品。多年来，粮食人均占有量、粮食商品率、粮食调出量和玉米出口量均居全国第一位，在全国粮食生产百强县中，吉林省有13个县入选，其中排名在前10位的有6个县。为保障粮食生产，吉林省在农田水利建设与管理方面采取有效措施，基本形成了比较完整的蓄水、引水、提水、排水、供水、防洪相配套的农田水利工程体系，基本保证了农业生产的用水需求。为了解吉林省在农业用水保障方面的经验做法，作者于2013年9月16~18日在吉林省长春市调研，实地考察饮马河灌区、石头口门水库、新立城水库、丰收灌区，并与吉林省水利科学研究院、吉林省农村水利建设管理局、长春市水利局、九台市水利局、石头口门水库管理局、饮马河灌区管理局、新立城水库管理局等单位和部门开展座谈交流。现将有关调研情况报告如下。

第一节 基 本 情 况

吉林省多年平均水资源总量为398.83亿m^3，其中天然河川径流量344.17亿m^3，地下水资源量123.6亿m^3（重复量68.94亿m^3）。全省多年平均降水量621.9mm。全省现有水利工程总供水能力为140.33亿m^3，其中，大、中、小水库（不含纯发电水库）1531座，总库容266亿m^3，兴利库容125亿m^3，供水能力25.52亿m^3；引水工程754处，引水能力21.76亿m^3，提水工程4657处，提水能力41.86亿m^3；地下水源工程供水能力50.91亿m^3。

全省总设计灌溉面积2215.5万亩，总有效灌溉面积约2088万亩，总实灌面积达1967.17万亩，灌区概况见表5-1。经过多年农田水利的基本建设，至2012年全省已建成30万亩以上大型灌区13处，分别为前郭灌区、松城灌区、白沙滩灌区、松沐灌区、扶余灌区、永舒榆灌区、舒东灌区、饮马河灌区、梨树灌区、海龙灌区、辉发河灌区、洮儿河灌区、海兰河灌区，有效灌溉面积277.92万亩，实灌面积244.53万亩，见表5-2。1~30万亩中型灌区107处，有效灌溉面积

264.14 万亩，占全省有效灌溉面积的 13.31%，实灌面积 237.14 万亩。1 万亩以下小型灌区 775 处，有效灌溉面积 117.7 万亩，实灌面积 106.00 万亩。纯井灌区 5690 处，有效灌溉面积 1428.24 万亩，实灌面积 1379.5 万亩。纯井水田（土渠）灌区有效灌溉面积 251.5 万亩，旱田节水灌溉有效灌溉面积 1127.76 万亩（其中喷灌面积 363 万亩，滴灌面积 203 万亩，管灌面积 562 万亩）。

表 5-1 吉林省不同规模灌区统计表

灌区类型	数量/处	有效灌溉面积/万亩
30 万亩以下的大型灌区	13	277.92
1~30 万亩的中型灌区	107	264.14
1 万亩以下的小型灌区	775	117.7
纯井灌区	5690	1428.24
合计	6585	2088

表 5-2 吉林省大型灌区基本情况

灌区名称	设计灌溉面积/万亩	有效灌溉面积/万亩	水源类型	2012 年灌溉用水情况		
				毛灌溉用水量/万 m^3	净灌溉用水量/万 m^3	灌溉水利用系数
前郭灌区	56.79	45	提水	44 980	21 600	0.480
松城灌区	49.5	2.2	提水	400	177.3	0.443
白沙滩灌区	31.02	23	提水	19 800	9 890.0	0.500
松沐灌区	32.38	5.1	提水	5 348	2 318.7	—
扶余灌区	31.41	12.9	提水	—	—	—
永舒榆灌区	36.14	30.73	自流	26 000	12 762.9	0.491
舒东灌区	32.4	25.64	自流	20 312	9 871.4	0.486
饮马河灌区	30.87	19.65	自流	15 790	7 860	0.498
梨树灌区	30.1	18.83	自流	4 100	1 806.85	0.441
海龙灌区	31.47	23	自流	15 900	7 889.0	0.496
辉发河灌区	32.3	32.3	自流	23 500	11 385.0	0.485
洮儿河灌区	56.9	8.7	自流	7 290	3 286.0	0.451
海兰河灌区	31.1	30.49	自流	25 080	12 250.7	0.489
合计	482.38	277.92	—	208 500	101 097	0.478

就水源而言，灌区有提水、自流和纯井等类型。提水灌区集中在长春、松原、敦化、扶余等地区；自流灌区主要集中在通化、延边等地区；纯井灌区主要集中在白城、松原等地区。全省提水、自流、纯井灌区统计情况见表 5-3。

表 5-3 灌区水源类型统计

灌区类型		数量/处	有效灌溉面积/万亩
提水灌区	大型灌区	5	88.2
	中型灌区	30	76.3
	小型灌区	283	47.8
	小计	318	212.3
自流灌区	大型灌区	8	189.72
	中型灌区	77	187.84
	小型灌区	492	69.9
	小计	577	447.46
纯井灌灌区	小计	5690	1428.24

除旱田高效节水灌溉以外，所有大、中、小型灌区及井灌区，全部种植单季水稻。由于吉林省东、中、西部地形、地质及土壤、气候等条件相差较大，水稻净灌溉定额一般为 500～700m^3/亩，每年降雨量不同，净灌溉定额也有所变化。由于各灌区工程状况不同，毛灌溉用水量一般为 800～1200m^3/亩。旱田高效节水灌溉由于作物种类不同，低压管灌毛灌溉定额一般在 150～200m^3/亩，喷灌毛灌溉定额一般在 140m^3/亩左右，滴灌一般在 60～80m^3/亩，见表 5-4。

表 5-4 吉林省 2012 年各类灌区的实灌面积及灌溉用水量

灌区规模与类型			实际灌溉面积/万亩	毛灌溉用水量/万 m^3
大型灌区	提水		85.63	82 889.84
	自流引水		158.9	137 925.2
	小计		244.53	220 815.04
中型灌区	1 万～5 万亩	提水	49.2	40 590
		自流引水	112.6	100 777
		小计	161.8	141 367
	5 万～15 万亩	提水	19.5	20 884
		自流引水	48.5	52 962
		小计	68	73 846
	15 万～30 万亩	提水	0	0
		自流引水	7.34	6 488.56
		小计	7.34	6 488.56
	小计	提水	68.7	61 474
		自流引水	168.44	160 227.56
		小计	237.14	221 701.56

续表

灌区规模与类型		实际灌溉面积/万亩	毛灌溉用水量/万 m^3
小型灌区	提水	43.5	37 105.5
	自流引水	62.5	51 437.5
	小计	106	88 543
纯井	土渠	251.5	181 834.5
	渠道防渗	0	0
	低压管道	562	80 366
	喷灌	363	50 457
	微灌	203	15 143
	小计	1 379.5	327 800.5
全省合计		1 967.17	858 860.1

根据吉林省水利科学研究院的测算结果，吉林省 2012 年灌溉用水有效利用系数为 0.544，比 2011 年的 0.539 有所提高，提高的原因主要为：一是农田水利基础设施建设水平不断加强；二是近几年不断提高农田灌溉管理水平，节水意识不断增加；三是推广以玉米膜下滴灌为主的高效节水灌溉农业，高效节水灌溉面积和用水量占全省农田灌溉面积和总用水量的比重有所提高。

2012 年全省农业灌溉用水量为 85.9 亿 m^3，其中大型灌区 22.08 亿 m^3，中型灌区 22.17 亿 m^3，小型灌区 8.85 亿 m^3，近年来全省农田灌溉面积和农业用水情况如表 5-5 所示。总的来说，近年来全省农业用水还是呈增加趋势的，这与国家“千亿斤粮食增产规划”的政策密切相关。吉林省作为我国东北粮仓，正处于战略升级的阶段，是东北地区率先启动粮食增产规划的省份。2008 年 7 月，国务院常务会议通过了总投资 260 亿元的农业建设项目《吉林省增产百亿斤商品粮能力建设总体规划》，这项包括 10 大工程和 4 个现代农业示范区的重大工程被吉林省委、省政府列为“一号工程”。按照规划，吉林省用 5 年左右的时间，把全省粮食总产量从 500 亿斤的阶段性水平提高到并稳定在 600 亿斤的水平。

表 5-5　2004~2012 年吉林省农业用水情况

项目	单位	2004 年	2005 年	2006 年	2007 年	2008 年	2009 年	2010 年	2011 年	2012 年
有效灌溉面积	万亩	1742	1748	1778	1808	1846	1876	1888	1914	1967
农业用水	亿 m^3	74.1	74.8	77.2	79.5	81	82.2	83.5	82.1	85.9

第二节　典型灌区调研情况

饮马河灌区位于石头口门水库坝下至九台、德惠两市交界处，由石头口门水库

(大型) 供水，设计灌溉面积 30.87 万亩。灌区内有 6 个乡镇，3 个国营农业场，是吉林省的重要粮食产地之一。灌区始建于 1941 年，现已建成饮东、饮西、太平桥三条引水干渠，长 85km；支渠 94 条，长 144km；排水沟 18 条，长 53km；支沟 40 条，长 166km；截流沟 18 条，长 41km；回水堤 18 条，长 63km；灌排渠系骨干建筑物 252 座。灌区隶属于九台市水利局，现有 5 个管理所，1 个灌溉试验站。

一、饮马河灌区情况

(一) 灌区情况

受季风影响，饮马河灌区降雨多集中在夏季，全年平均降水量 580mm。灌区位于饮马河河谷平原，上游宽 3~8km，下游宽 8~10km，灌区南北长 44km，地势平坦，东西两岸为剥蚀堆积的波状台地。灌区现有的土地总面积 53.13 万亩，耕地面积 34.42 万亩，目前实灌面积约 16.5 万亩 (自流 15.10 万亩，提水 1.40 万亩)。灌区内总人口 11.12 万人，其中农业人口 10.74 万人，非农业人口 0.38 万人。

饮马河灌区内作物种植主要为水稻和玉米。种植结构为水稻 16.5 万亩、玉米 17.92 万亩。灌区灌溉制度采用轮灌间歇灌水模式，5d 轮灌一次，灌溉定额为 682m^3/亩，灌溉水利用系数为 0.50，渠系水利用系数为 0.67 (节水改造前灌溉定额为 733m^3/亩，渠系水利用系数为 0.64)。粮食产量自 1980 年以来到现在亩均产量呈递增趋势。1980 年亩均产量为 350kg 左右，1995 年亩均产量为 460kg 左右，2012 年亩均产量为 550kg 左右。

灌区水源以石头口门水库供水为主，区间径流、回归水和地下水作为补充。1980 年以来的用水量如表 5-6 所示。近 30 年来，农业用水量有所波动，总的来说呈先减少后又有所回升的趋势，其中 2000~2004 年期间的年均农业用水量最少，只有其他年份的一半左右，这是由于期间发生了大干旱，而石头口门水库又主要保证长春市城市生产、生活用水等。

表 5-6 饮马河灌区农业用水量变化

序号	年份	年均用水量/万 m^3
1	1980~1984	11 000
2	1985~1989	8 700
3	1990~1994	7 800
4	1995~1999	9 998
5	2000~2004	4 660
6	2005~2009	9 800
7	2010~2012	10 300

（二）水源工程情况

石头口门水库位于饮马河中游，水库坝址在吉林省九台市西营城镇石头口门村西南 500 m 处。坝址以上集水面积 4944km^2，河道长 194km，占饮马河流域面积 8255km^2 的 59.9%，流域平均比降 0.6‰，是饮马河干流控制性工程。水库 1958 年建成，1987 年 5 月进行了安全加固，2000 年 12 月兴利增容工程开工，2010 年 7 月 16 日主体工程完工。石头口门以上多年平均径流量为 6.46 亿 m^3，据多年资料分析和统计，降雨多发生在 6~9 月，大暴雨出现时间一般是 7 月中旬至 8 月下旬，而且雨量集中。每年的 7、8 月份是洪水多发季节，大洪水多为单峰型。水库设计洪水位为 192.39m，相应库容 9.37 亿 m^3，校核洪水位为 194.04m，相应库容 12.77 亿 m^3。在确保水库工程安全的前提下，尽量满足防洪除涝、城市供水、灌溉、渔业养殖等用水需要，上下游兼顾、充分发挥水库的综合效益。水库在调度运行时根据水库工情、水情参考天气预报，用短期洪水预报合理安排水库蓄水，尽量减少弃水。枯水年保证城市供水，照顾农业用水，并兼顾水库养鱼。

石头口门水库年供水能力为 1.68 亿 m^3，水库建成后就开始为农业供水，设计年供水量为 1.2 亿 m^3。设计保证率为 75%。自 1980 年以来，只有 2000~2004 年连续枯水年时没有满足农业供水，其他年份都能够满足农业供水。城市、工业用水设计保证率 95%，城市、工业用水量逐年增加，近几年又增加了取水单位，2011 年、2012 年实际供水都超过了 3.3 亿 m^3。各取水用户设计取水量：长春 2.9 亿 m^3、华能电厂 3161 万 m^3、大成玉米 8942 万 m^3、九台自来水 1080 万 m^3、龙嘉机场 174 万 m^3，合计城市、工业用水为 4.24 亿 m^3，加上农业年设计用水量为 1.2 亿 m^3，则合计为 5.44 亿 m^3，需水量是供水能力的 3.2 倍。

二、丰收灌区情况

新立城水库工程位于吉林省长春市新立城镇，为伊通河流域控制性水利枢纽工程，工程是以防洪、供水为主，结合天然渔业的大Ⅱ型水库，水库控制流域面积 1970km^2。水库控制流域多年平均降水量 595mm，多年平均天然径流量 2.16 亿 m^3，水库洪水主要由夏汛降水所形成，其主要来源为伊通河干流及其支流伊丹河。水库校核洪水位为 222.26 m，总库容 55 063 万 m^3，设计洪水位 219.97 m，正常蓄水位 219.63 m，相应库容为 33840 万 m^3，死水位 210.80 m，相应库容 1515 万 m^3。

新立城水库是长春市唯一的大型防洪屏障，防洪保护城区面积 140km^2，人口 278 万人。设计年供水量 7920 万 m^3，供水保证率 95%。水库自 1980 年以来供水主要分为三个阶段：第一阶段，1980~1996 年，水库主要以城市供水为主，在有多余水量的情况下进行农业供水。城市供水对象为长春市第一净水厂，农业供水对象为丰收灌区。第二阶段，1996~2000 年，由于规划的引松入长工程没有按期通水，水库超计划向长春供水，同时向长春市第一净水厂、第三净水厂和丰收灌区供水，造成了水库向农业灌溉无水可供的局面。第三阶段，2001 年至今，水库由于蓄水较少，只对城市供水，且不能按设计供水，同时停止农业供水。供水对象为长春市第三净水厂，并于 2008 年 10 月份向水投公司农安泵站供水。

丰收灌区为新立城水库下游小型灌区，原有水田约 1500hm^2，近 30 年来由于新立城水库逐步减少并最终停止对丰收灌区的农业供水，在这个过程中丰收灌区的农田种植结构也发生改变，由原来的种植水稻变成种植玉米，这一方面因为供水水源减少，另一方面也与当地农民耕种水田的意愿降低有关。种植水田劳动力成本和经济投入较大，而收益却与种植玉米等作物相差不大，据了解按当地的市场收购价，水稻 1.4 元/斤，玉米 1.1 元/斤。另外，灌区的农民尤其是部分朝鲜族居民近年来很多人选择去韩国打工谋生，农业人口也大幅减少。灌区耕地很大一部分已经日益转变成城市建设用地，剩下的灌区渠系老化失修现象也比较严重，渠道水渗漏损失较大。

第三节　城镇化和工业发展对农业用水的影响

一、水源工程用水性质改变的影响

以饮马河灌区为例，灌溉主要水源为石头口门水库，由于下游长春市用水紧张，石头口门水库增加了城市供水量，2000 年以后几年的持续干旱，加上引松入长工程未启动，为了保证长春市供水，2000~2004 年水库分配给灌区的水量年均只有 4660 万 m^3，致使灌区灌溉面积大幅度减少。从 1980 年以来石头口门水库为城市和工业供水的情况来看，近 30 年来水库为长春市生活供水呈迅速增加的趋势，而近年来水库下游新兴的工业（如华能集团）和民营企业（大成玉米）也需要水库供水，并且用水呈逐年增加趋势。另外，2009 年以来石头口门水库也为九台市城市生活补充供水，供水量几乎稳定在 6.5 万 m^3/d。水库供水变化情况如图 5-1 所示。

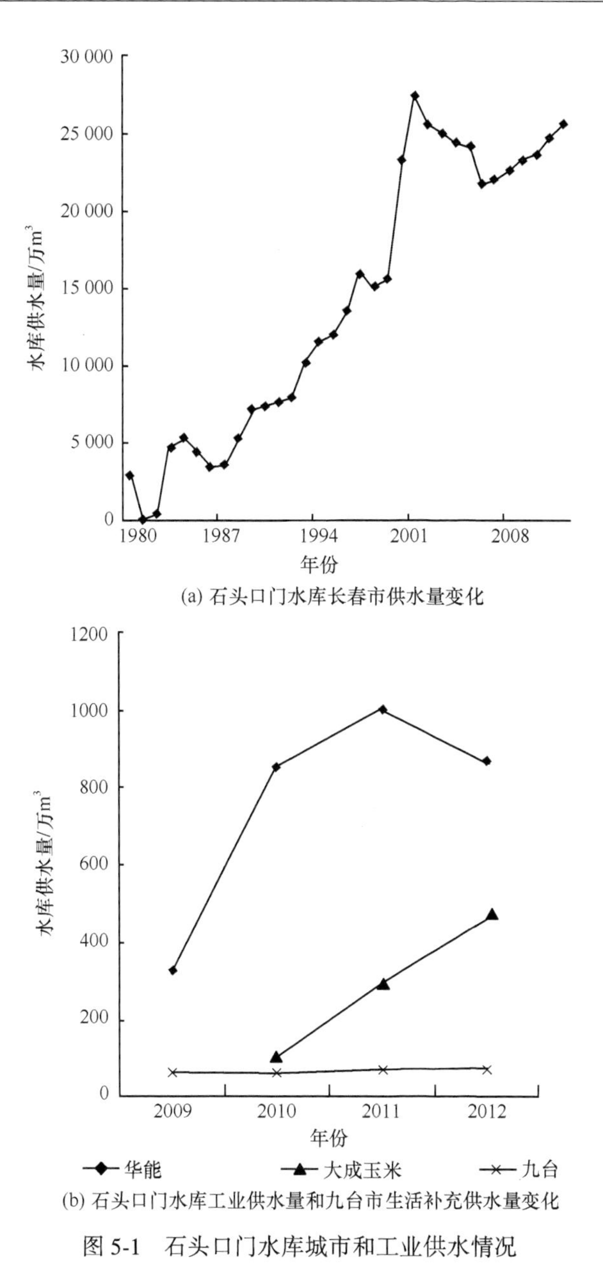

(a) 石头口门水库长春市供水量变化

(b) 石头口门水库工业供水量和九台市生活补充供水量变化

图 5-1 石头口门水库城市和工业供水情况

以新立城水库为例，从 2001 年开始，水库因为蓄水锐减，停止了向丰收灌区等农业供水，只对城市供水，水源工程的用水性质发生了改变，具体供水情况见图 5-2。

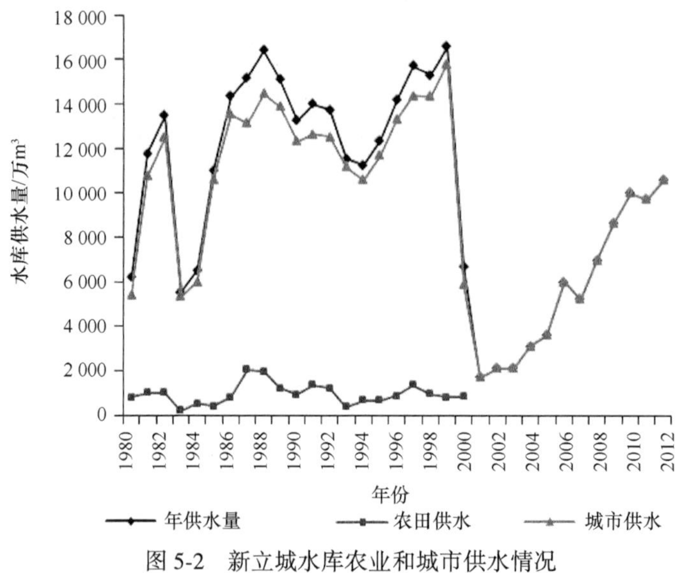

图 5-2 新立城水库农业和城市供水情况

二、城镇化扩张的影响

以饮马河灌区为例，2011 年九台市启动了长春龙嘉机场所在地的空港新城建设（空港新城位于九台市西营城镇），占用灌区耕地近 1.5 万亩，直接导致了灌溉面积的锐减。而丰收灌区的情况相近，灌区很大一部分的耕地面积已经逐渐转变成城市建设用地，土地利用性质发生了变化。

三、经济因素的影响

灌区现行水价为 0.056 元/m^3，其中原水水费 0.026 元/m^3，执行的水价远未达到测算的成本水价 0.095 元/m^3。目前饮马河灌区管理局仍属于自收自支单位，单位管理运行的支出和职工收入很大程度上都是依靠水费来维持，而水费收入根本无法维持灌区管理单位的正常运行，对渠系建设的投入更是被迫削减，导致灌区渠系老化失修严重，农业用水效率不高，农民灌水意愿也比较低。很多原来需水较多的水田也都逐渐转变为旱田，农民由种植水稻改为种植玉米等。

四、工程的影响

饮马河灌区 2003 年开始续建配套节水改造工程，规划投资 20 892 万元，2011 年完成了规划投资。但是由于建设年度跨越时间长、物价上涨等因素，虽然完成了规划投资，但规划的建设任务还没有完成，灌区配套节水改造工程还没有发挥应有的效益，这也对灌区的农业用水造成了一定的影响。

第四节 相关对策与建议

（一）加大控制灌溉面积减少的力度

由于城镇化和工业化的发展，城市面积扩大，城市和工业用水的扩张，近30年来吉林省的灌溉面积有所减少，尤其是水田的面积，如果不加以控制和保护，未来新增的有效灌溉面积可能抵偿不了灌溉面积的减少。目前国家层面虽然发布了《占用农业灌溉水源、灌排工程设施补偿办法》，但是并没有很好的落实，需要坚决贯彻执行。同时，还应该根据吉林的自身特点，采取切实办法并制定实施细则，在未来一段时期促使因建设占地而损失的灌溉面积能够补偿回来。

（二）整治灌溉设施，加强灌区建设

灌溉设施的老化失修，也会造成灌溉面积的衰减，同时还会造成严重的效益衰减。为了提高农业用水的利用效率，需要提升现有灌溉设施的供水能力，控制其造成的有效灌溉面积的萎缩，使得灌区走上良性循环的道路。加强灌区的续建、配套、改建等工作，大力推进水田干支渠的防渗衬砌、灌区的渠道整治工作，改善灌溉基础设施。在现有灌区挖潜的同时，还需要适度新建灌溉工程。

（三）加强现有灌区技术改造

由于灌区建设与管理标准低，现在吉林省部分灌区尤其是中小型灌区已经或即将超过其设计使用期限，但仍然没有得到应有的维护与保养，水资源的利用效率仍然相对较低。因此，除了要加强渠系建筑物的更新、改造、配套与提高，还需要大力推广新兴节水技术，大力发展节水技术和节水产品，应用先进的滴灌、渗灌、微喷灌等技术，通过对灌溉供水、用水全过程节水管理，来提高灌溉水利用效率，保障农业水资源的高效利用。

（四）从政策落实上保障农业用水

吉林省作为东北粮仓重要省份，面临百亿斤粮食的增产任务，省政府对粮食安全非常重视，在未来要进一步从政策上保障农业用水。2009年吉林出台了《吉林省政府关于印发吉林省中部城市引松供水工程受水区退还农业用水和生态用水实施方案的通知》，要求退还被挤占的农业用水和生态用水。2013年以后，每年退还饮马河灌区农业用水8000万m^3，向饮马河归还生态用水4200万m^3。政策的出台和落实之间还有一定的距离，要进一步促使政府对农业用水加强重视，督促政策的落实，促使被挤占农业用水的补还。另外，2005年吉林针对节

水，也出台了《吉林省节约用水奖评审管理办法（试行）》等相关文件，同样需要加强政策的执行力，切实促进节水。

（五）加强管理体制改革和管理人才培养

饮马河灌区管理局属于自收自支单位，职工的工资基本依靠灌区收缴的水费。因此，其节水的意愿不大，并且近年来由于灌区农业用水的减少，管理单位的整体效益也欠佳，难以吸引高层次和高水平的人才，目前的工作人员基本为40、50岁以上的年龄层，灌区管理人才后续无力。因此，灌区管理单位的管理体制改革十分紧迫，而管理技术人才的吸收和培养也是迫在眉睫。只有通过加强水利行业部门的资金投入和政策倾斜，才能引导更多有志之士投身农田水利建设事业中。

第六章　江　苏　省

江苏是我国的经济大省，城镇化、工业化进程走在全国的前列。同时，江苏也是产粮大省，多年来粮食产量保持在全国第四位，2012年全省粮食总产达674.5亿斤，实现新中国成立以来首次“九连增”。多年来，江苏省各级政府和水行政主管部门高度重视灌区建设与管理工作，采取了一系列积极有效的措施，保障农业用水，为提高农业生产效率、保障粮食安全提供了重要的支撑。为了解江苏省在保障农业用水，进而保障粮食安全方面的做法，作者于2013年8月7~8日赴江苏宿迁、连云港等地，采取实地考察和座谈交流相结合的方式，分别与宿迁市水务局、宿迁船行灌区管理处及有关灌溉管理所、连云港市水利局、灌云县水利局等部门和单位进行了深入交流。有关情况如下。

第一节　基本情况

一、全省总体情况

（一）城镇化、工业化和农业现代化发展总体情况

在20世纪80年代，江苏省开始探索农业现代化、农村工业化、城乡一体化建设的路子。在城镇化发展方面，经历了小城镇繁荣发展、大城市集聚发展和城乡一体化发展三个阶段。2012年年底，全省城镇化率达到63%，与2000年相比，提高了20.7%，城镇常住人口增加了1900多万人。城镇化发展规划实现了全覆盖，全省基本形成了从区域到城市、从城镇到农村、从总体到专项的层次分明、相互衔接、配套完善的规划体系，构筑了“三圈五轴”的城镇空间结构。

在工业化发展方面，2006年，江苏省政府出台了《关于加快推进新型工业化的意见》，采取了产业布局大调整举措，把集中在苏南的块状工业区布局，调整为以“三沿”为轴线的带状工业布局，在提升沿沪宁线高新技术产业带的同时，加快建设沿江基础产业带和沿东陇海线加工工业带，并积极培育北部增长极，在更高层次上加快区域工业化发展。此外，江苏省通过构建开发园区与乡镇工业小区之间的配套产业链，形成了一大批专业园区、专业镇、专业村，成功实现了

农民的非农化转移，实现了城乡产业联动发展，创造了闻名全国的苏南模式。

农业现代化发展方面，作为经济大省和工业大省，江苏省的农业发展至关重要。2011 年 4 月，省委十一届十次全会明确把农业现代化工程作为全省经济社会发展的八项重点工程之一，提出在全国率先实现农业现代化的目标定位，力争到 2015 年，苏南等有条件的地区率先基本实现农业现代化，2020 年全省基本实现农业现代化。通过大力实施农业现代化工程，全面落实强农惠农政策措施，江苏省连续 8 年保持了“三农”投入增加、粮食增产、农业增效、农民增收、农村发展的好形势。2012 年，在省政府工作报告中提出必须坚持新型工业化、农业现代化、城乡发展一体化“三化同步”，在更高层次上统筹城乡区域发展。2012 年江苏省各市的城镇化和 GDP 相关情况见表 6-1。

表 6-1　2012 年江苏省城镇化水平及相关指标对比表

地区	城镇化率/%	二三产业占 GDP 比重/%	人均 GDP/元
全省	63.00	93.70	68 347
南京市	80.23	97.40	88 525
无锡市	72.90	98.20	117 357
苏州市	72.31	98.40	114 029
常州市	66.21	96.80	85 037
镇江市	64.20	95.60	83 639
扬州市	58.50	93.00	65 691
南通市	58.73	93.00	62 506
泰州市	57.90	92.90	58 378
徐州市	56.70	90.50	46 877
盐城市	55.80	85.40	43 172
连云港	54.40	85.50	36 470
淮安市	53.50	87.10	39 992
宿迁市	50.97	84.90	31 717
城镇化率与二三产业占 GDP 比重相关系数			0.87
城镇化率与人均 GDP 的相关系数			0.89

（二）水资源开发利用情况

2012 年全省总用水量 552.2 亿 m^3。其中，生产用水 514.2 亿 m^3，占总用水量的 93.1%；居民生活用水 34.7 亿 m^3，占总用水量的 6.3%；城镇环境用水 3.3 亿 m^3，占总用水量的 0.6%。与 2011 年比较，全省总用水量略有减少。生产用水减少 0.8%，居民生活用水增加 0.9%，城镇环境用水基本持平。

生产用水按照产业结构划分，第一产业用水 305.3 亿 m^3，占生产用水的 59.4%，其中农田灌溉用水 267.8 亿 m^3，占第一产业用水的 87.7%；第二产业用水 195.2 亿 m^3，占生产用水的 38.0%，其中，电力工业用水 143.0 亿 m^3，一般工业用水 50.1 亿 m^3；第三产业用水 13.7 亿 m^3，占生产用水的 2.7%。分流域看，淮河流域用水量 247.2 亿 m^3，占总用水量的 44.8%；长江流域用水量 120.6 亿 m^3，占总用水量的 21.8%；太湖流域用水量 184.5 亿 m^3，占总用水量的 33.4%。与 2011 年比，长江流域和太湖流域用水量分别增加 3.8% 和 0.1%，淮河流域用水量减少 3.5%。

全省万元地区生产总值用水量为 $102m^3$，农田灌溉亩均用水量 $430m^3$，万元工业增加值用水量 $19m^3$。苏南、苏中、苏北万元地区生产总值用水量差别较大，分别为 $70m^3$、$127m^3$、$156m^3$，农田实灌面积亩均用水量分别为 $486m^3$、$460m^3$、$397m^3$，万元工业增加值用水量分别为 $20m^3$、$16m^3$、$20m^3$。

（三）农田水利情况

随着农村全面推行税费改革，农田水利投入主体、管理体制和组织方式等发生了根本变化。为了积极应对新时期农村水利发展遇到的新情况、新问题，各级水利部门及时调整工作思路，坚持以服务“三农”为目标，紧紧围绕粮食生产安全、生态环境安全，统筹研究和解决农村防洪和排涝、水资源优化配置、水环境改善等问题，突出建设重点，积极深化改革，创新投入机制，重点实施了农村河道疏浚、灌区节水改造、圩区治理、丘陵山区水源工程和小型农田水利工程配套等重点工程，农田水利基础水平得到了较大提升，服务社会服务民生能力进一步增强。截至 2012 年年底，全省有效灌溉面积已达 5881 万亩，占耕地面积的 82%；建成旱涝保收农田 5041 万亩，占耕地面积的 71%；发展节水灌溉工程控制面积 2571 万亩，占耕地面积的 36%。治理水土流失面积 $5293km^2$，灌溉水利用系数达到 0.57。全省农村水利防洪、供水、排涝、灌溉、降渍五套工程体系基本形成，为全省粮食连续增产和新农村建设做出了重要贡献。

二、典型地区情况

（一）宿迁市总体情况

1. 城镇化、工业化和农业现代化发展总体情况

宿迁是江苏最晚成立的地级市，虽然建市时间较短、经济基础较薄弱，但是经过 16 年的发展，城镇化、工业化、农业现代化发展的内在质量得到显著提升，

发展增速保持在全省前列。

2011年，中心城市建成区面积扩展到68.08km^2，建成区人口52.39万人，城市化水平达49.8%。2013年上半年，实现地区生产总值807亿元，同比增长13%左右；财政总收入218.7亿元，增长17.3%。中心城市163项重点基础设施项目快速推进，“五城同创”有序开展，目前已创成“省级节水型城市”、“省级卫生城市”。为加快转变农业发展方式，率先实现农业现代化，结合实际，以发展农村经济、增加农民收入为中心任务，以保障农产品供给、提高农民生活水平、促进可持续发展为目标，用现代化武装农业、现代科技提升农业、现代经营方式推进农业、现代知识培训农民，加快构建现代农业产业、农业科技创新、农业基础设施、农业社会化服务、农业支持保护五大体系。粮食产量实现“九连增”，单产增幅全省第一。2011年，全市农业基本现代化进程监测得分为68.88分，超过序时进度6.08分，得分增加数位居全省第三。

2. 水资源开发利用和农田水利总体情况

水资源总量相对不足，人均占有量少。多年平均水资源总量为23.189亿m^3，全市人均水资源拥有量为424.5m^3，远远低于全国平均水平2100m^3，还不到世界人均水资源量的6%。据统计，2011年全市水资源总用水量为30.385亿m^3，其中农田灌溉用水20.068亿m^3，占总用水量的66.0%；林牧渔业用水2.846亿m^3，占总用水量的9.4%；工业用水2.112亿m^3（其中火力发电用水0.034亿m^3），占总用水量的7.0%；三产用水1.132亿m^3，占总用水量的3.7%；城镇生活用水（包括公共场所用水和流动人口用水）1.296亿m^3，占总用水量的4.3%；农村生活用水1.088亿m^3，占总用水量的3.6%；城镇公共用水1.843亿m^3，占总用水量的6.0%。

灌溉农业发展情况。近年来，宿迁市重点加大对农业灌溉基础设施建设力度，实施了大型灌区续建配套与节水改造、中央财政小型农田水利重点县、农村河道疏浚整治、千亿斤粮食等工程。“十一五”以来，全市农村水利共投入资金42亿元，其中，实施7个大型灌区27期续建配套与节水改造工程，投资约10亿元，兴建渠道防渗245km，疏浚整治排水沟87条，新建、改造建筑物1759座；实施中央财政小型农田水利工程，建设西南岗水源工程，共疏浚整治河道48条，整治渠道116条，拓浚塘坝436面，完成配套建筑物1470座；实施农村河道疏浚工程，疏浚县级河道159条，乡级河道1611条；通过以上工程的实施，共增加旱涝保收田面积184万亩，治理水土流失面积92.5万亩，恢复改善灌溉面积374万亩，增加有效灌溉面积50万亩。

随着农村水利工程投入的加大，宿迁市农业灌溉用水逐渐由以前的粗犷式慢慢向节约式发展，在保证灌溉的同时兼顾用水效率，灌溉水利用系数由2011年的 0.55 提高到 0.57。在用水时间上，由于机械化程度的提高，用水高峰期时间较以前相对集中，由以前的 20 多天集中到目前的 10~14 天。

（二）连云港市基本情况

1. 城镇化、工业化和农业现代化发展总体情况

连云港市位于江苏省东北部、东南沿海中部的黄海之滨，全市面积 7615.29km²，占全省面积的 7.31%，地处鲁中南丘陵与淮北平原的结合部，地势自西北向东南倾斜，地貌以平原为主。

2012 年全市 GDP 达到 1603.42 亿元，人均 GDP 达到 36 470 元，三次产业结构调整为 14.5：45.9：39.6。财政总收入达 564.74 亿元，其中财政一般预算收入 208.94 亿元。在城镇化发展方面，连云港市采取了组团开发、整体推进、完善配套、提升品质、注重民生、改善人居环境、统筹城乡发展的发展策略。到 2012 年，城市化水平进一步提高，全市城市化水平达到 49%。工业化发展方面，以中石化炼化一体化等重大产业项目为依托，中国科学院能源动力研究中心建设等重大载体试验区建设和现代产业体系建设初显成效，新医药、新材料、新能源、高端装备制造业四大优势产业占工业规模比例不断攀升。

农业现代化发展方面，一是提升农业产出效益，农村经济平稳较快增长。2012 年，全市粮食生产实现“十连增”，粮食单产和总产均创历史纪录，高效农业发展加快，高效设施农业面积比重达 16.88%。二是推进农业科技创新，社会化服务水平逐步提高。2012 年，市政府出台《关于加快农业科技创新与推广促进农业现代化工程建设的意见》，进一步推动种业科技创新、农业特色产业培育、科技成果转化、农村科技服务体系建设等。全市农业科技进步贡献率达到 62%。三是推动经营机制创新，辐射带动能力不断增强。全市大力推动农业经营机制创新，支持农户以承包土地入股组建土地股份合作社。农户参加专业合作经济组织比重达到 101.2%。适度规模经营面积占耕地面积 78.6%。

2. 水资源开发利用和农田水利总体情况

连云港市地处淮河流域沂沭泗水系最下游，农业用水占总用水量比重大。全市本地水资源不足，主要依靠调引江淮水弥补本地用水缺口。根据《连云港市 2011 年水资源公报》，2011 年全市供水总量为 31.5 亿 m³，其中，地表水源供水量 31.3 亿 m³，地下水开采量 0.18 亿 m³；全市总用水量 31.5 亿 m³，主要用于农业灌溉、工业、城镇生活、农村生活和林牧渔业，其中，农田灌溉用水 24.73 亿 m³，占全市总用水量的 78.5%；农村生活用水（包括牲畜用水）0.98 亿 m³，占总用水量的 3.1%；林牧渔业用水 2.24 亿 m³，占总用水量的 7.1%；工业用水 2.05

亿 m^3，占总用水量的 6.5%；城镇生活用水（包括公共设施用水、生态用水和流动人口用水，其中，生态用水约为 0.5 亿 m^3）1.50 亿 m^3，占总用水量的 4.8%。2011 年各行政分区用水量统计见表 6-2。

表 6-2 2011 年连云港市各行政分区用水量统计表 （单位：亿 m^3）

行政分区	农田灌溉		农村生活		林牧渔业	工 业		城镇生活	总用水量	
	小计	地下水	小计	地下水	小计	小计	地下水	小计	小计	地下水
灌南	4.76	0	0.18	0.02	0.06	0.09	0.03	0.13	5.2	0.05
灌云	5.20	0	0.23	0.01	0.59	0.11	0.01	0.14	6.27	0.02
市区	2.55	0	0.12	0	0.62	0.70	0.01	0.64	4.63	0.01
东海	8.99	0.02	0.25	0.02	0.17	0.55	0.01	0.30	10.26	0.05
赣榆	3.23	0.01	0.20	0.01	0.80	0.60	0.03	0.28	5.12	0.05
全市	24.73	0.03	0.98	0.06	2.24	2.05	0.09	1.50	31.50	0.18

全市现有大型灌区 4 座，中型灌区 27 处，各类小型灌区 238 处，至 2012 年，全市种植稻谷 299 万亩，发展高效设施农业（渔业）近 100 万亩，占耕地面积比重达 16.88%。

用水以农业灌溉用水为主，水稻种植面积大，农业灌溉需水量大。根据 2007~2011 年全市水资源公报，农业灌溉用水变化情况见表 6-3。

表 6-3 2007~2011 年连云港市农田灌溉用水量统计表

年份	总用水量/亿 m^3	农田灌溉用水量/亿 m^3	农灌用水占总用水量的比重/%
2007	25.15	18.40	73.2
2008	27.41	19.89	72.6
2009	29.13	21.24	72.9
2010	29.72	21.86	73.6
2011	31.5	24.73	78.5

第二节 保障农业用水的做法

由于水资源时空分布不均，特别是随着经济社会的快速发展，工业化、城镇化步伐的加快，水资源短缺成为制约江苏农业发展的重要因素。为保障农业灌溉用水，江苏省采取了疏浚整治农村河道、灌区续建配套、小型农田水利重点县、推广节水灌溉技术建设等四大措施，基本满足了农业灌溉用水的需要。

一、开展农村河道疏浚整治

全省现有农村沟河 102.4 万条（处），其中县级河道 2103 条，乡级河道 19 124条，村庄河塘 21.45 万条（处），农村生产河道 78.8 万条。2003 年以来，省委、省政府高度重视农村河道综合整治工作，把农村河道疏浚整治作为改进民生、推进新农村建设的一件大事来抓，列入各级党委政府的经济社会发展的重要目标，坚持科学规划，强化组织领导，多方筹集资金，严格建设管理，创新管理机制，全省农村河道疏浚整治科学有序地扎实推进。截至 2012 年，全省农村河道疏浚整治工程累计投入 207 亿元，疏浚土方 33.7 亿 m^3，农村河网水系的引排功能逐步得到恢复和改善，取得了显著的综合效益，得到广大农民群众的肯定。

二、推进灌区续建配套工程建设

灌区是江苏粮食生产的核心基地。目前已经建成万亩以上大中型灌区 312 处，其中 30 万亩以上的大型灌区 29 处，中型灌区 283 处（其中 5 万~30 万亩重点中型灌区 99 处，1 万~5 万亩一般中型灌区 184 个）。列入国家大型灌区续建配套节水改造规划项目 29 处，规划投资 88 亿元；列入国家中型灌区续建配套节水改造规划项目共 99 座，规划投资 46 亿元。1998 年以来，29 处大型灌区先后列入国家大型灌区节水改造计划，截至 2012 年，大型灌区累计完成投资 49 亿元，江阴白屈港灌区、高淳淳东灌区、沭阳沂北灌区、赣榆小塔山灌区、宿豫皂河灌区已经完成规划投资任务。2001 年开始，中型灌区列入国家农业综合开发节水改造项目计划，截至 2012 年中型灌区已完成投资 5.7 亿元，实施改造 21 处。

三、着力小型农田水利重点县建设

2005 年起，江苏抓住中央财政设立小型农田水利工程建设补助专项资金的机遇，逐年加大省级投入，不断提高省级补助标准，以民办公助的方式支持各地开展小型农田水利工程建设，更新改造了一大批泵站、涵闸等小型农田水利设施，取得了较好的成效。2009 年起，财政部、水利部决定在继续做好小型农田水利工程建设的同时，在全国范围内选择一批县（市、区），实行重点扶持，通过集中投入，全面开展小型农田水利重点县建设。经过竞争立项，2009~2011 年江苏共有 69 个县（市、区）被列为全国中央财政小型农田水利重点县，其中第一批 19 个，第二批 25 个，第三批 25 个。经财政部、水利部对江苏重点县建设工作进行绩效考评，江苏 2009~2011 年重点县绩效考评均位列全国第二，中央在安排年度计划时都给予了江苏重点县名额的奖励。2013 年中央第四批 25 个重点县的中央计划下达后，全省有 75 个县（市、区）被列为中央财政小型农田水利重点县，实现涉农县（市、区）全覆盖。

四、推广节水灌溉技术措施

在通过工程措施保障农业用水的同时，2013 年省政府办公厅专门下发了《关于大力推广灌溉技术着力推进农业节水工作的意见》[苏政办发（2013）114 号]，明确到 2015 年，江苏农业灌溉用水总量实现负增长，争取每年下降 1 个百分点；全省平均灌溉水利用系数提高 3 个百分点，即达到 0.58 以上。新增节水灌溉面积 1265 万亩，其中，新增低压管灌面积 178.6 万亩、喷灌工程灌溉面积 50.9 万亩、微灌工程灌溉面积 72.9 万亩；节水灌溉工程面积达 3500 万亩，占耕地面积的 50%。每个县（市、区）力争建成万亩以上节水灌溉示范区 2~3 处，项目区灌溉水利用系数达到 0.65 以上。到 2020 年，节水灌溉工程面积达到 4419.5 万亩，农业灌溉用水总量实现负增长，争取每年下降 1~2 个百分点；淮北、沿海、丘陵地区灌溉保证率大于 80%，其他地区大于 90%；全省平均灌溉水利用系数达到 0.60 以上。

为实现上述目标，针对不同的水系特点及农业结构，划为南水北调供水区、里下河区与盐城渠北区、通南沿江高沙土区、苏南平原区与圩区、丘陵山区五大区域，针对不同区域提出不同节水措施。同时明确提出要进一步完善水资源有效供给和科学配置体系、进一步完善适应区域水资源承载能力的农业种植结构体系、进一步完善因地制宜的节水灌溉工程体系、进一步完善高效实用的节水农艺技术体系、进一步完善以农业节水为核心的农村水环境保护体系、进一步完善以体制机制改革为重点的农业节水灌溉管理体系等六大体系建设，通过切实加强大中型灌区续建配套与节水改造力度，积极推进规模化节水灌溉增效示范项目建设、持续推进加强小型农田水利重点县建设项目高效节水灌溉工程建设、协调推进其他渠道资金农业节水项目建设、着力推进农业节水灌溉技术创新工程建设等工程措施，确保在保障农业用水的同时，促进农业节水持续促进，以节水更好地保障农业用水。

第三节　农业用水保障的成效与问题

一、取得的成效

通过采取一系列卓有成效的措施，江苏的农田灌溉得到长足发展，有力地支持了农业生产，促进了农业现代化发展，实现了粮食产量的“九连增”，保障了粮食安全。

（一）农村河道疏浚整治提高了农田灌溉工程引排功能

通过实施全省农村河道疏浚整治工作，农村河网水系的引排功能逐步得到恢复和改善，取得了显著的综合效益。一是增强了农村河道的引排能力。通过疏浚淤泥，拆除坝埂，沟通水系，配套桥涵，有效增强了农村河道的引排蓄能力。二是改善了农村河道的水质条件。通过清出淤泥，清理垃圾，清除杂物，控制污水排放，提高了农村河道水体的自净能力，使得农村河道的水质得到较大改善。三是提升了农村生活环境质量。通过河坡塘埂整治、河岸护砌、栽植树木，绿化了河坡、塘埂，美化了环境，有效改善了农村村容村貌。

（二）灌区续建配套工程建设保障了水源供给

大中型灌区改造项目实施后，提高和恢复了灌溉工程标准，节约了水资源，降低了运行成本，提高了灌溉水利用效率，极大地改善了江苏灌区的农业生产条件，使灌区成为全省高标准农田的示范基地。一是节水效益明显。全省已经实施改造的项目区渠系水利用系数平均提高10%左右，渠道输水能力、用水效率大幅度提高，缓解了农业用水矛盾，年节水达21.8亿m^3。二是改善了灌溉条件。新增恢复灌溉面积220万亩，改善灌溉面积1536万亩，新增粮食生产能力8亿kg。同时，优化了水资源配置，改善了农村生态环境，美化了农村人居环境，推动了新农村建设。

（三）小型农田水利重点县建设连通了田间灌排水源工程

截至2012年年底，全省小型农田水利建设补助专项资金项目建设累计完成投资93.2亿元，改建灌排泵站1.11万座，渠道1.58万km，配套改造渠系建筑物25.4万多座，累计节水量达9.9亿m^3，新增和恢复灌溉面积381万亩，改善灌溉面积1011万亩，增加粮食产量114万t，增加经济作物产值11.6亿元，取得了显著的综合效益。

（四）节水灌溉技术政策措施促进农业节约用水

至2012年年末，累计建设灌溉渠道30 165km，建成防渗渠道12 769km，节水工程控制面积占耕地面积的54%，农业灌溉水利用系数达到0.575。累计建设各类建筑物16.8万座，建成灌溉泵站3491座，灌排结合泵站404座，排涝泵站257座，装机24.9万kW。

二、存在的问题

通过实施四大工程建设，江苏省的农田水利取得了长足进步，但是由于全省经济发展进度不一，尤其是在经济相对落后的苏北地区，农田水利基础还较为薄弱，在保障农业用水方面还存在一些问题。

（一）农田水利投入相对不足

通过近几年较为集中的投入改造，全省农田水利灌排设施虽然有了较大改善，但是距水利现代化要求还有较大差距。一是部分灌区发展还存在水源不能得到保障的现象。如宿迁市宿豫区陈集镇地处三县交界，灌溉水源没有保证，旱作物面积4.4万亩，占耕地面积的88%，群众要求提供灌溉水源，改善农田灌排条件，但是因船行灌区后续投入没有跟上，陈集镇灌区问题仍然没有解决。二是一些灌区改造投入不足。运南灌区批复总投资2.5亿元，实施干支36.3km。但是运南灌区是新规划的灌溉渠系，投入较高，近3~5年内，运南灌区所辖乡镇将实现“两集中”（居民向镇区集中，耕地向种植大户集中），灌溉面积将扩大，灌溉标准要提高，预计还需配置干支渠近20km，需增加投资约1.5亿元。三是渠道最后一公里问题影响灌溉。田间工程面广量大，仅靠目前每年3000万元的农田水利重点县投资解决不了问题，需加大投资解决渠道最后一公里问题。

（二）水源配置工程相对不足，灌溉成本高

宿迁市宿城区北托骆马湖、南临洪泽湖，京杭大运河、徐洪河系南水北调两条输水干线，均临近宿城区，宿城区的灌溉用水全部依赖南水北调水源，但因地形条件，全区工农业用水全部靠抽水供给，不少地方需要两级甚至三级提水。宿城区与其他地方相比每亩地用水成本要高出60元左右，全区每年有3000万元以上的用水成本需要地方和群众消化。全区内部河道均发源本地与境外水系不通，生态水源靠降雨或者夏季农田灌溉滞留水源。冬春季节，境内大部分河道处于干涸状态，水环境承载力极低。

（三）灌区运行管理困难

一是因工业和城镇化的快速发展，灌区灌溉面积逐年萎缩，灌区的生存空间越来越小。二是灌区收费困难。例如，船行灌区主要依靠提水灌溉农田、收取电灌费维持灌区的生存和发展，政府没有任何财政补贴，就其本质而言，属自收自支、自负盈亏的“企业”。但是因其服务的是农民、农业，在一定程度上又有了保障农业发展、农民增收的公益性质。渠道淤塞、无人疏浚，工程标准低、无法

正常使用，境内工程被人为毁坏等，都会成为农民拒交提水机电费的理由。灌区机电实收率逐年下降。三是灌区收入与支出成反比发展。灌区无法实现按量收费，水价多年未调，灌区收入没有增长反而下降，而灌区工程维修养护、人员工资等成本却逐年增加。船行灌区 2012 年实收水费 396 万元，电费、维修养护、工人工资等全部支出 532 万元，缺口 136 万元，灌区管理单位运行艰难。四是人才匮乏。因灌区负债运行，工资较低，无法引进和留住人才，船行灌区已 15 年未引进一名专业人才，灌区目前仅有技术职称及技工 13 名，平均年龄 43 岁，灌区运行缺乏管理和技术人才支撑。

（四）农田水利设施管护投入不足

一是管护投入不足。目前管护投入主要以乡村两级为主，宿城区 60 万亩耕地，以每亩 20 元管护经费测算，每年需 1200 万元管护经费，平均每个乡镇需要 100 多万元。地方政府受财力限制，无力投入；群众因分户种植且农业投入产出比不高，不愿投入。二是群众水法意识淡薄。沟渠被耕种、挖掘，建筑物被损坏现象时有发生。三是监管力量不足。水利工程管理面广量大，执法队伍明显不足，无法与城市管理队伍相比。

（五）农田水利工程项目实施困难较多

一是征迁补偿较低且标准不统一。农田水利工程受益对象是农民，具有很强的公益性，但是水利工程征迁补偿标准太低，有的项目甚至没有补偿。在水利系统内部不同项目之间征迁补偿标准不统一，也给项目实施带来很大阻力。二是地方配套资金压力较大。宿城区每年实施约 2 亿元左右的重点水利工程，需地方配套 0.4 亿元，配套压力较大。

第四节 相关对策与建议

总体来看，农业在城镇化、工业化发展中还处于相对劣势，农田水利基础设施还较为薄弱，农业灌溉模式仍然以传统的灌溉模式为主，随着城镇化、工业化进程的推进，生产、生活用水与农业灌溉用水之间的矛盾将越来越突出，建议进一步加大农田设施的投入，优化水资源配置，加强农田水利工程管护，转变灌溉方式，发展高效节水灌溉技术，进一步提高农业用水保障程度。

（一）进一步加大农田水利基础设施投入力度

“十一五”以来，江苏省市农村水利工程虽然取得了一定的成就，但与农业现代化水平相比还相对较低，发展指标与全省城镇化、工业化发展指标相比还存在一定差距。建议公共财政继续加大对农田水利工程建设和改造投入力度，加快灌区续建配套工程建设，尤其是加快中小型灌区和末级渠系改造投入力度；加大灌区节水改造力度，通过疏浚灌溉河道、建设防渗渠道、增加或改建渠首及田间配套建筑物，有效改善灌区灌排条件，增加灌溉面积，节约农业灌溉用水量；增加农村中小河流综合治理试点，提高农田排涝能力，改善农村水环境，确保2020年完成水利现代化建设任务。

（二）进一步优化全省水资源配置

江苏水资源存在着“四多四少”的特点。一是过境的客水多，本地的水量少，全省多年平均过境水量为9490亿m^3，是本地水资源量的30倍。二是污染的水体多，优质的水源少，全省近三分之二的河段劣于Ⅲ类水标准，丧失了作为饮用水源的功能。三是南部水多，北部水少，淮河流域占全省面积的62%，但多年平均本地水资源量仅占全省的47%，过境水量占全省的3.7%；长江流域占全省面积的38%，而多年平均本地水资源量占全省的53%，过境水量占全省的96.3%。四是汛期的水量多，非汛期的水量少。汛期（6~9月）集中了全省降水量的70%以上，非汛期降水量不足全年的30%，特殊的省情、水情和工情，决定了江苏发展灌溉农业保障粮食安全，必须加强水资源的配置和调度，建议在灌溉季节时，加强全省水源调度，充分考虑苏南、苏北地区不同的水资源量，充分考虑南水北调东线工程通水后各地水资源总量，充分考虑农业灌溉用水需求，在水源配置上实现工农协调发展。

（三）进一步对工程管护和灌区发展给予扶持

一是农田水利工程运营具有很强的公益性，建议参照农村公路做法，在农田水利管护方面给予资金支持，既可以专项资金也可以在工程项目资金中切块。二是探索对灌区运行管理进行补贴。按照中央政策的规定，积极探索各种形式的补贴政策，加大灌区扶持力度，提供灌区运行管理水平。三是积极探索农业用水管水的体制机制，创新用水管水模式，提高农业用水利用效率。四是加强灌区管理人才培养，建议设立水利职业技术学校，面向基层水管单位培养大、中专层次的实用技能人才，加大对基层水管单位现有人才培训力度，与水利院校合办水利大专文凭培训班，定期培养水利技术人才。五是出台相关政策，扶持、加快水管单位自身发展，提升水利系统的整体形象和行业地位。

第七章　江　西　省

江西是一个农业人口多、农村地域大、农业比重相对较高的省份，是长三角、珠三角和港澳等地重要的农产品供应基地，是全国粮食主产省之一，也是新中国成立以来全国仅有的两个从未间断输出商品粮的省份之一，为保障全国粮食安全作出了积极贡献。为了解江西省在发展农田灌溉、保障农业用水方面的经验做法，作者于 2013 年 9 月 27 日赴江西南昌，对赣抚平原灌区进行实地考察，分别与赣抚平原水利工程管理局、青山湖区农工业水务局等部门和单位，就城镇化、工业化进程中保障农业用水的情况进行了深入交流。有关情况如下。

第一节　基 本 情 况

一、全省总体情况

江西省地处长江中下游南岸，全省面积 16.69 万 km^2，辖 11 个设区市、100 个县（市、区），总人口 4488 万人，其中农业人口 3530 万。全境有大小河流 2400 余条，赣江、抚河、信江、修河和饶河为江西五大河流。江西处于北回归线附近，全省气候温暖，雨量充沛，年均降水量 1341～1940mm，无霜期长，为亚热带湿润气候。江西全省耕地面积 4633.5 万亩，占全国耕地面积的 1.8%，粮食产量占全国的 3.8%。粮食产量位居全国第 12 位，其中稻谷产量居全国第 2 位，人均稻谷产量全国第 1 位。

截至 2011 年年底，全省城镇总人口首次突破 2000 万，达到 2051.21 万人，新增城镇人口 87 万，城镇化水平达到 45.7%。与上年相比，上升了 1.64 个百分点。在各设区市当中，南昌、新余和萍乡分别以 67.24%、63.58% 和 60.77% 的城镇化率占据前三甲。长期以来，江西经济欠发达，一个重要原因就是工业滞后，加速推进新型工业化，是江西实现快速发展的必然选择。2012 年，江西工业增加值为 5854 亿元，占全国的 2.9%，只相当于河南的三分之一，湖北、湖南、安徽的三分之二。

二、典型灌区情况

（一）赣抚平原灌区概况

赣抚平原灌区位于赣江和抚河下游的三角洲平原地带，属抚河流域，是一个引水型的平原型灌区。赣抚平原水利工程于 1958 年动工兴建、1960 年基本建成收益，是一座以农业灌溉、防洪排涝为主，兼顾城镇工业、生活、环境供水及内河船运、水力发电等综合效益的大型水利工程，地跨南昌、宜春、抚州三市的七个县（市、区），总土地面积 2142km^2，耕地 126 万亩。灌区设计灌溉面积为 119.3 万亩，排渍面积 70 万亩，目前总灌溉面积 103.47 万亩，其中耕地有效灌溉面积 98.01 万亩，实际灌溉面积 82.5 万亩。

经多年来续建配套与加固改造，现已建成柴埠口、焦石、王家洲、箭江、岗前、天王渡、罗家等大中型枢纽工程和各类取泄水建筑物 3600 多座；开挖东、西 2 条总干及 7 条干渠，总长 280 余千米；斗渠以上渠道总长 1600 余千米；开挖排渍道 7 条，围堵河港湖汊 24 处，排除内涝 70 余亩，堵支并圩后，开垦湖滩州地 26 万亩，缩短防洪堤线 485km，利用西总干渠兼作六级航道，缩短抚州至南昌水程 100 多千米。农田复种指数由 141% 提高到 249%，亩产由 150kg 左右提高到 800 多千克，粮食年总产量由 2.5 亿 kg 提高到 10 亿 kg，使赣抚平原地区一举成为国家重要的商品粮基地。每年为农业提供灌溉用水量 10 亿 m^3，为南昌及其周边城镇提供生产、生活、环境用水近 3 亿 m^3；每年利用弃水发电约 2500 万 kW · h。工程运行 50 多年来，已经成为确保当地人民群众粮食安全、防洪安全、饮水安全和经济发展用水、生态环境用水的重要基础设施。

（二）社会经济情况

赣抚平原灌区是江西省的主要产粮区之一，区域内总人口 380 万人，农业人口 128 万人（2011 年数据），浙赣、向乐、京九铁路及 105、316、320 等国道通过其间。区内交通便利，是江西政治、经济、文化、交通及工业的中心。

（三）种植结构及灌溉制度

灌区以种植早、晚稻为主，冬季主要种植绿肥和油菜，还种植一些经济作物如蔬菜、豆类、杂粮等。在灌溉设施正常运行的情况下，结合品种改良和采用先进的栽培工艺，水稻单产可达 400~550kg，油菜 50~60kg。灌溉制度见表 7-1。

表 7-1 江西灌溉试验中心站水稻灌溉试验资料统计表

年份（平水年份）	早稻				晚稻				全年降雨量/mm
	降雨量/mm	灌水量/mm	泡田/mm	灌溉定额/(m^3/亩)	降雨量/mm	灌水量/mm	泡田/mm	灌溉定额/(m^3/亩)	
2006	642.0	200.3	60.7	174.1	314.9	517.0	56.6	382.6	1609.3

（四）粮食产量变化情况

由统计可以看出，赣抚平原灌区的粮食产量基本保持稳定增长，由1981年的69 010万kg增长至2011年的96 980万kg，见表7-2，这与现代化农业工艺的提升、复种指数提高、亩产增加、用水保障率高等条件密不可分。

表 7-2 赣抚平原粮食产量 （单位：万 kg）

年份	1981	1985	1990	1994	1998	2004	2011
灌区粮食产量	69 010	84 400	81 230	85 680	86 150	96 640	96 980

（五）赣抚平原灌区水源情况

根据江西省水文局1990~2010年对东干渠柴埠口进水闸和西干渠焦石进水闸的引水量实测数据统计，焦石进水闸和柴埠口进水闸的平均年引水量分别为18.19亿m^3和19.37亿m^3，共计37.56亿m^3。现状情况下多年平均需水量为12.20亿m^3，其中农业需水量为9.38亿m^3，占76.91%；生活需水量为0.13亿m^3，占1.05%；工业需水量为0.33亿m^3，占2.67%；市政环境需水量为2.36亿m^3，占19.37%。不难看出，农业需水和市政环境需水量占了赣抚平原灌区需水量的绝大部分。在非干旱年份，水量较为充足，可以保证各项需水要求。

三、青山湖区赣抚平原灌区情况

南昌市青山湖区现有固定电力排灌站172座，装机容量5797.5kW/216台套，抗旱机井25座，防洪堤长62.66km（其中内湖堤长24.73km）。区内有赣抚平原和扬子洲两大灌区，有效灌溉面积3862km^2。赣抚平原灌区为自流灌区，设计引水流量19.57m^3/s。主要灌溉干渠五条，总长34.68km，灌溉支渠114条，总长117.64km。扬子洲灌区为赣江提水灌区，设计提水流量43m^3/s。主要灌溉干渠17条，总长39.85km。灌溉支渠109条，总长80.44km。

2005年税费改革前，水费收缴面积按6万亩计算，年供水约6300万m^3，税费改革后至今，青山湖区耕地面积平均为3.1万亩，年供水约3600万m^3，实际灌溉面积2.9708万亩。目前，灌区灌溉青山湖区罗家镇的约3万亩农田，还担负着青山湖区罗家工业新区及昌东工业园区的工业供水，同时提供南钢、氨厂的工业和生活用水以及青山湖、艾溪湖和玉带河的城市环境用水。

由于城市扩张，原灌溉的湖坊镇、京东镇、塘山镇被占农田约1.5万亩。另由于工业化进程加快，五干渠灌溉的罗家工业新区及昌东工业园区共占农田约1.5万亩，五干渠用水已由原来的农田灌溉为主向工业用水及城市环境供水为主转变。

目前，赣抚平原青山湖灌区主干渠续建配套工程已基本结束，但四、六干渠末级渠系淤积、闸口有闸无门现象比较严重，为保障农田灌溉用水，末级渠系的改造刻不容缓。

第二节　保障农业用水的做法

按照“精细管理、从严管理、科学管理”的要求，狠抓管理，工程管理水平不断提升，服务灌区民生能力明显提高，各项工作取得新成效，为灌区经济社会发展、保障粮食安全提供了有力的水利支撑。

一、建章立制，积极推进工程精细管理

通过建立健全《灌区枢纽建筑物及机电设备运行管理规程》《灌区渠道与分水口运行管理办法》等一系列工程运行管理制度，对工程实行精细化管理。将渠堤管理、分水口管理和水资源管理工作细化，责任到站、任务到人，从而改变了“有人不干事，有事无人干”的散漫状况；强化枢纽建筑物、机电设施设备检查保养以及渠道巡检、清草清障清垃圾等日常性管理工作，确保日常性工作规范化、制度化、常态化。实践证明，精细化管理的实施，规范了各基层管理站的管理行为，机电设备维护保养、渠道及分水口运行、水量控制管理等工作得到加强，工程面貌大为改观。

二、落实经费，加大对工程管理的投入

一是灌区清淤清草工作取得突破性进展。近年来，灌区渠道水草泛滥成灾，严重阻水一直是困扰灌区供水的一大顽疾。针对这一状况，依据“可行、实效、经济”的原则，灌区管理单位购置一台铲斗式水下挖泥清草船，着重对灌区西总干渠道清淤清草，取得了较好的效果。经省灌溉试验中心站对天王渡和莲塘渡槽

两个断面流量进行对比观测，结果表明同期同水位下，清淤清草后流量分别增加67.67%和165.62%，渠道的供水能力和效率显著提高。

二是着力提升防汛抗旱综合能力。硬件上，建设了视频会商系统，各基层枢纽站均设立防汛抗旱专用办公室、值班室，配备了计算机（接通互联网）、电话传真机等必要的办公设备，做到有场地、有设备；软件上，健全完善了防汛抗旱规章制度和预案体系，组织了各种业务培训，全面提升防办人员综合素质。

三是完善工程管理配套设施。针对灌区主要骨干渠道公里碑、百米桩、警示标志等管理配套设施缺失这一现状，灌区管理单位首先对灌区主动脉西总干渠渠堤里程进行了核对，对西总干渠公里碑、百米桩、水政警示标志等进行了统一规范设置，为渠道管理责任段划分、渠道日常巡查提供了便利条件。

三、大力推进农民用水户协会建设

自2000年12月灌区成立江西第一家农民用水户协会以来，积极推进以组建农民用水户协会为主要内容的用水户参与灌溉管理的改革，在改革管理体制、运行机制上进行了不断探索。目前灌区内用水户协会已基本完成全覆盖，下一步的主要任务是规范其运作管理，发挥规范水费收缴、化解用水矛盾、保障供水服务、农民增收减负的作用。

四、积极开展水量分配方案编制，进一步优化水资源配置

为实现“三条红线”管理、优化调度和高效利用水资源，灌区管理单位积极推进灌区水权制度建设，编制了“灌区内总干渠的水量分配（第一层次）——总干渠内干渠的水量分配（第二层级）——干渠内支渠的水量分配（第三层级）——支渠内斗渠的水量分配（第四层级）”的多层级水量分配方案，在灌区范围内实行总量控制与定额管理。确定了灌区总量控制指标和微观定额管理指标，结合水文边界条件，明确了各渠系的水量使用指标，确定了水量分配实施责任主体，为灌区合理高效配置水资源，实现灌区水资源可持续利用奠定坚实基础。

五、完善取用水管理，提高水利用效率

严格执行计划用水，灌区水资源实行水权集中、统一调度、分级负责。在灌区内逐步完善取水许可制度、超计划用水审批等，严查非法取水行为；提高取水计量设施的安装率，非农供水严格实行按方计量，完善取用供水档案。结合渠系

实际引水流量情况，在农业“双抢”用水高峰时期，实施渠系轮灌措施，进一步提高水利用效率，维护灌区群众灌溉利益。

六、强化水政执法，加强水质保护

一是积极开展水法制的宣传教育。利用“世界水日”、“中国水周”，组织青年志愿者开展保护赣抚平原灌区一渠清水“单车行”等宣传活动；结合巡渠巡堤加强宣传，增强沿渠居民的水资源保护意识。二是加强水质管理，保护“一渠清水”。加强与地方政府及其有关部门联系沟通，开展联合执法行动。三是积极开展生态研究。充分利用省灌溉试验中心站研究平台，开展灌区灌排系统水资源循环利用、沟渠防渗技术及生态化、沟渠生态护坡以及灌区调蓄塘库构建等方面的生态研究，进一步推进鄱阳湖流域农业面源污染生态修复技术研究。四是统筹兼顾，加大水质防控体系的建设。为缓解西总干渠沿渠点、面污染防治压力，提高水污染防治成效，保护一渠清水，灌区管理单位在西总干沿渠居民集中区域采取埋设截污导污管道、设置防护栏围护等工程措施，并建设自动水质监测点，努力做到“用水有保证、水量有保证、水质有保证”，提供高效优良服务。

第三节　存在的问题

现代工农业的快速发展，对水利基础设施的要求越来越高，尤其是城郊伴随着城镇化、工业化进程的快速推进，水利基础设施无论是工程规模还是保障能力都难以适应。

（一）排灌设施老化失修，灌排能力逐年衰退

青山湖区现有固定电力排灌站多建于20世纪50~60年代，因年久失修，部分设备超过使用年限，运行效率低下，有的已经不能正常使用。据统计，青山湖区172座固定电力排灌站，能正常运行的有77座（装机容量2674 kW/101台套），不能正常运行的有95座（装机容量3123.5 kW/115台套），占比55.25%，致使可灌面积从20世纪80年代的3995km^2，减少到现在的2597km^2，排灌能力逐年下降，灌区农业生产取水安全难以保障，阻碍了郊区农村经济发展，影响农民增收和生活水平的提高。

（二）灌排水系毁坏严重，阻水碍水酿灾成害

灌排水系因人为破坏或环境作用影响，渗漏、断面不规整、淤积等现象较普遍。据统计，青山湖区260条（长277.63km）主要灌排渠道，约有115条（长

119.84km）渠道存在渗漏、崩塌、淤塞的现象，约有47.94km长的水系被填埋，无法有效连通。另外，随着城镇化、工业区建设，城市郊区土地利用率越来越高，填占塘、湖、湿地、渠道等水面，削弱区域涵蓄降水能力的事件频发，为区域涝害埋下伏笔。例如，2012年5月12日的强降雨天气，郊区5 h降雨量达140mm，在此次降雨过程中，因灌排水系未及时排泄分流洪水，致使大面积土地受淹，全区农作物受灾面积1020km^2，受灾人口2.436万，造成巨大经济损失，雨季汛期防洪除涝、保障安全任重道远。

（三）水源污染日益严重，有水难用局面显现

水源污染由简单化、专门化向复杂化、综合化转变，污染因素主要有工业生产废水随意排放，群众水环境保护意识缺失、水环境保护意识差、田间作业大量使用化肥和剧毒农药等。

一是产业结构性矛盾突出。全青山湖区企业单位数量301家，其中重污染企业单位数量27家，高耗水企业数量106家（印染纺织业88家，造纸及纸制品业5家，医药制造业13家）。部分技术含量低、能耗高、污染严重的企业直接向河道排放废水，成为重要的点源污染。数据表明，2012年全区废水污染水域长达30km，且呈逐年上升趋势。

二是农村群众受教育程度不高，水环境保护意识差，生活垃圾、污水直接排入河道，影响水域周边环境卫生及水质。全区76.24km主要排灌渠道，流经农村生活区长度达28.97km。农村雨污分流配套设施不健全，每逢雨季，生活污水横流，汇入渠道，影响河道水质。

三是因作物虫害和农民追求高产的心理作用，剧毒农药和大量化肥流入田间，形成面污染。如赣抚平原灌区有效灌溉面积2667km^2，全年施肥和喷洒的农药数量约在2534 t以上，剧毒农药和大量化肥的使用，引发水体富营养化、毒性加剧、发黑发臭、厌氧生物繁殖、水生物多样性减少等一系列水生态环境问题。

（四）工业农业争水抢水，工程规模不相匹配

主要灌排渠道及灌溉泵站，均暴露出设计规模与工农业实际生产取水要求不相适应的矛盾。例如，赣抚平原灌区六干渠保灌面积354km^2，设计流量为1.03m^3/s，年引水总量1602万m^3，除保灌需水1371万m^{3}外，还要供给江西方大钢铁科技有限公司（年产钢铁480~550万t）、江西江氨化工有限责任公司、江西省电力设备总厂等企业生产用水。又如，扬子洲灌区旱涝保收面积1207km^2，实际提水保灌面积为736km^2，取用水存在较大差值，灌溉水利工程规模偏小，难以保障正常的工、农业用水安全。青山湖区水利工程规模现状与当下日益高涨的城镇化、工业、农业生产用水要求不相匹配，灌溉和工业生产取水形

成争水抢水局面，水利工程运行压力较大。

第四节 相关对策与建议

为保障农业用水安全，减少水害隐患，保障社会经济快速发展，必须采取有力措施，加大水利工程建设资金投入，结合城镇规划建设，改造和建设一批适应郊区城镇化和工业化快速发展的水利基础设施。

（一）加快泵站改造步伐，增效扩容发挥效益

把握当前国家加大中小型泵站建设资金投入的机遇，对青山湖区内172座固定电力排灌站实行统一规划，调整布局，选取适合更新改造的进行更新改造。及时建立乡镇水务服务站，摒弃重建轻管的思想，创新管理体制、机制，科学规范地管理和配置灌排设施。依托整体经济发展的有利条件，围绕保障农业生产，夯实农田灌排基础设施，组建专业化水利服务队伍等方面快速形成体系。增强泵站灌排能力，稳增农田可灌面积，保障农业生产和农村经济发展的基本需求。

（二）城镇规划合理布局，保障水系有效连通

针对青山湖区薄弱的灌排体系，应加大水利建设资金投入，对区域内115条淤积阻塞较严重的渠道进行衬砌维护，改善渠道过水断面，理顺渠系的主次关系。对41.94km被填埋占用的渠道，最大限度地进行复原。此外，水务和城建部门在防洪除涝、保障安全方面应通力协作，规划出既能保障水系有效连通，又能促进水利基础设施又好又快发展要求的水利系统。设置和保留足够面积的坑、塘、湿地等水面，以增强区域调蓄洪水的作用。

（三）防污治污珍惜水源，依法保护永续利用

建立和完善排污许可制度和重点水污染物排放实施总量控制制度。严格控制工业污染、城镇生活污染，防治农业面源污染，建设生态治理工程，预防、控制和减少水环境污染和生态破坏。首先，对区域内高耗水企业进行全面技术改造，提高企业废水排放的达标率，减少工业废水对水资源的污染。其次，通过媒体对沿渠道周边居民进行珍惜水资源、保护水源环境知识的宣传，减少沿沟渠倾倒垃圾的行为，减少生活污水对水环境的污染。再次，推广使用低毒、低残留的农药和化肥，防治农业面源污染，提倡使用农家肥，种植有机作物。最后，依法查处违规排污的行为，保护有限的水资源，实现水资源的永续利用。

（四）开源节流合理分配，改造工程保障需要

按照保障合理用水需求、强化节水、适度从紧控制的原则，严守水资源开发

利用控制、用水效率控制和水功能区限制纳污“三条红线”。对灌区主要渠系工程进行规模论证，建立与经济社会发展相适应的水利灌溉系统。首先，根据青山湖区中远期发展规划，测算灌区到2020年农业生产需水量，按计划分期实施灌溉水利工程，提高引、提水工程供水保证率，保障灌区3862km^{2}耕地灌溉用水安全。其次，制定科学合理的水量分配和节水指标考核制度，监测区内高耗水企业的用水量，推行有偿使用和累进加价的用水制度，鼓励企业引进和改造节水生产工艺设备，节约水资源。最后，发展现代农业，大力引进喷灌、微灌、滴灌等节水灌溉技术，提高农业灌溉水利用率，保障社会经济发展对水资源的需求。

第八章　四　川　省

四川是我国西南地区的人口大省、农业大省，也是我国西部地区唯一的粮食主产区。同时，四川也是水资源大省，长期以来，省委、省政府高度重视农村重大农田水利基础设施建设，在农田水利建设管理和农业用水保障方面探索了一些有效的做法。作者于 2013 年 9 月 10～11 日赴四川成都、都江堰灌区调研，与四川省农田水利局、都江堰管理局等单位进行座谈，就四川在城镇化、工业化进程中农业用水保障所存在的问题、所取得的成效进行了广泛而深入的讨论。有关调研情况如下。

第一节　基 本 情 况

四川是我国的重要粮食生产基地，是我国 13 个粮食主产区之一。目前，四川有效灌溉面积达 3750 万亩，包括大型灌区 10 处（都江堰、玉溪河、长葫、通济堰、升钟、九龙滩、石盘滩、武都引水、青衣江乐山、安宁河沿河灌区），中型灌区 385 处。10 处大型灌区位于四川盆地腹部区和安宁河河谷地带，是四川粮食主产区和经济较发达地区，设计灌溉面积 2244 万亩，有效灌溉面积 1495 万亩，已全部列入《全国大型灌区续建配套与节水改造规划报告》建设规划。都江堰灌区的保灌面积占全省总数的 30%，粮食总产量占全省的 28.3%（其中水稻占全省总数的 31%），农业产值占全省 30%。

由图 8-1 可见，由于 1997 年重庆成为直辖市，四川统计数据发生变更，耕地面积、灌溉面积等各项数据均随之减少，因此，本研究主要考虑 1997 年以来各项农业指标的变化。1997 年以来，四川省的耕地面积波动比较大，1997～1999 年迅速增长，由 1997 年的 184 万 hm^2 增加至 1999 年的 916.9 万 hm^2，1999～2006 年保持稳定，2006 年后又有所减少，2007～2010 年维持在 594.7 万 hm^2 左右。全省的灌溉面积缓慢增加，由 1997 年的 235.6 万 hm^2 增加至 2010 年的 255.3 万 hm^2；播种面积基本不变，但是种植结构发生了明显变化，粮食作物的播种面积逐渐减小，由 1997 年的 721.14 万 hm^2 减少到 2010 年的 640.2 万 hm^2，经济作物的播种面积逐年扩大，由 1997 年的 228.61 万 hm^2 增加到 2010 年的 307.68 万 hm^2，而全省的粮经比由 1997 年的 3.15 降低至 2010 年的 2.08。

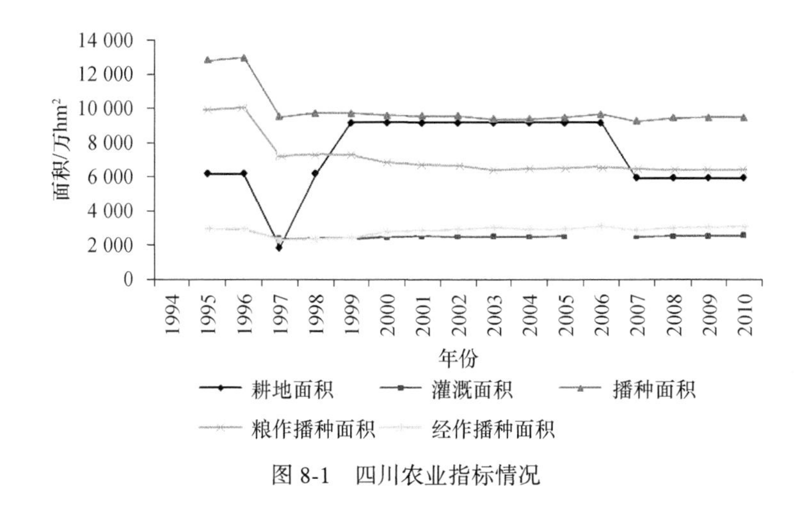

图 8-1　四川农业指标情况

分析 1999 年以来四川用水量的变化，可见全省总的用水量基本呈逐年增加的趋势，由 1999 年的 206.38 亿 m^3 增长至 2011 年的 233.5 亿 m^3。但是农业用水量近十几年来呈缓慢递减趋势，但降低程度并不明显，波动幅度较大，农业用水量由 1999 年的 131.41 亿 m^3 降低至 2004 年的 112.61 亿 m^3，2005 年有所回升，然而 2008 年又降低至 113.60 亿 m^3，2009~2011 年又有所回升，2010 年的农业用水量为 128.40 亿 m^3（图 8-2）。因此，农业用水占全省总用水量的比例由 1999 年的 63.67%降低到 2010 年的 54.99%，呈逐年下降态势。总的来说，受气候等条件的影响，四川农业用水虽然年际有波动，但基本保持在 110 亿~130 亿 m^3。

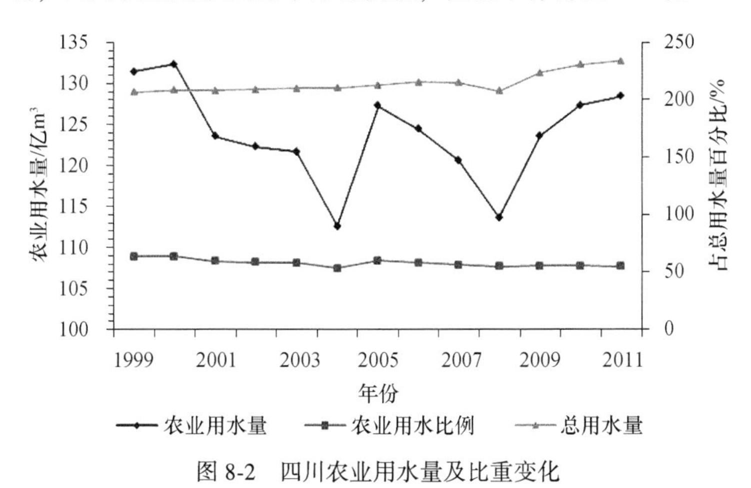

图 8-2　四川农业用水量及比重变化

尽管粮食播种面积 1997~2010 年这 14 年来减少了 80.94 万 hm^2，但随着粮物品种改良，耕作方式改进，粮食产量并没有太大的影响，仍保持在 3000 万 t 以上。并且，随着社会经济的发展，四川农业产值有了突飞猛进的发展，由 1991 年的 339 亿元增加至 2009 年的 2240.61 亿元（图 8-3），年增长率为 11.1%，但低于工业产值的增长率 15.2%，因此农业产值占总产值的比重也不断降低，由 1991 的 33.3%降至 2009 年的 15.8%。而对比 1991~2011 年农业人口和总人口的变化，可知在近 20 年来在总就业人口不断攀升的同时，农业人口数量却在直线下降。因此，农业人口占总人口的比重也不断降低，农业人口的变化必然也对农业用水量的变化产生一定程度的影响。

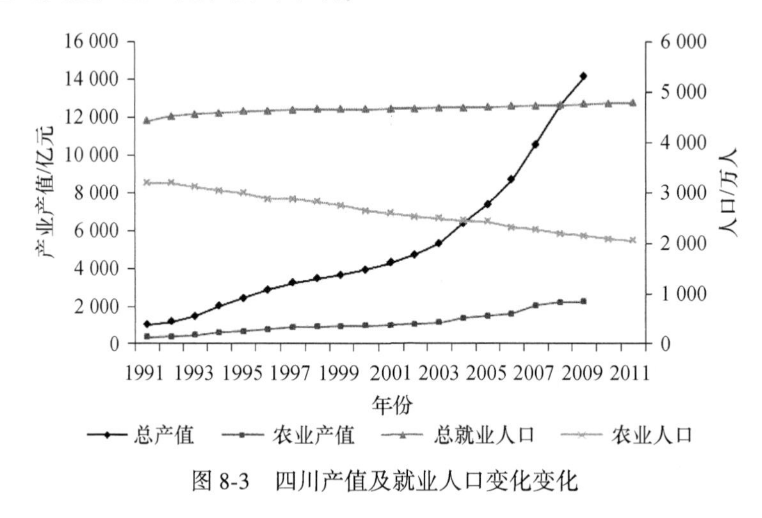

图 8-3 四川产值及就业人口变化变化

第二节 都江堰供水区情况

都江堰水利工程是世界水利史上的一颗璀璨明珠，它始建于战国后期公元前 256 年，至今已有 2260 多年的历史（图 8-4）。它以历史悠久、规模巨大、布局合理、可持续发展为特点，曾以乘势利导、因时制宜、无坝引水、灌排自如、综合利用、费省效宏、经久不衰而享誉中外，是世界水利史上可持续发展的光辉典范，是人类优秀文化遗产中的一座雄伟丰碑，成为支撑四川经济社会发展的核心区。

都江堰供水区是指都江堰水利工程提供生活、生产等方面供水所涉及的区域，由都江堰现状供水区和规划扩灌供水区（毗河供水区）组成，面积 2.72 万 km^2，覆盖成都、德阳、绵阳、遂宁、乐山、内江、眉山和资阳共 8 市 42 个县（市、区）。都江堰供水区是四川最大、最重要的供水区，是四川最富饶、工农业生产最发达的地区。都江堰水利工程是供水区可持续发展的根本保障之一，更是支持四川省可持续发展的重要基础设施。

图 8-4 都江堰水利工程

一、供水区水资源情况

都江堰供水区当地年均水资源总量为 98.87 亿 m^3，计入过境水量后总水资源量为 271.1 亿 m^3，而可利用水资源仅为 184.5 亿 m^3。供水区当地水资源人均仅 425m^3，属于极度缺水区。即使计入过境水资源后人均水资源量也只提高到 1166m^3，仍属中度缺水区，大大低于全省人均水资源量 2906m^3 的平均指标，仅相当于全省人均水资源量的 40%，如按可利用水资源量计算更低。因此，供水区的水资源总量上是短缺的，水资源是都江堰供水区社会经济发展的重要制约因素和软肋。作为都江堰水利工程的主水源，岷江鱼嘴处多年平均流量为 457m^3/s，年来水量 144.25 亿 m^3。径流年内变化很不均匀，5~10 月径流量约占年径流量的 78.6%，枯水期 11 月至次年 4 月径流量占全年径流量的 21.4%。岷江水资源时空分布的不均，加剧了水资源的短缺和季节性缺水，是扩大水资源供给和提高供水区水资源承载能力的严重障碍。

二、供水区经济社会情况

据 2010 年资料统计，都江堰供水区共有 563 个乡（镇），其中农业人口 1432.8 万人，城镇人口 1060.39 万人，占全省城镇人口的 32.8%，城市化率 42.5%。地区生产总值 7183.34 亿元，占全省的 41.8%，人均 GDP 为 30 905 元，为全省的 1.46 倍；工业总产值为 8937.6 亿元，占全省 38.6%；农业总产值为 1072.2 亿元，占全省 26.4%；地方财政收入 399.2 亿元，占全省的 35.2%，农民人均纯收入 6003 元，是全省的 1.17 倍。总之，都江堰供水区虽然面积仅占全省

1/18，而国民经济产值及其指标均占全省的25%~33%，区域的人口密度、城市化率、GDP、人均GDP、经济密度、耕地灌溉率、财政收入、城镇居民收入和农民人均纯收入等均居全省之首。

三、供水区灌溉农业情况

目前，供水区总耕地1381.19万亩，占全省总耕地的23.0%，其中田地面积782.47万亩，占全省田地的24.9%。新中国成立以来，通过对都江堰渠系进行大规模整修、改建、调整，灌区面积在1994年突破1000万亩（包括通济堰灌区），2010年达到1035.4万亩（包括通济堰灌区，不含通济堰灌区为983.4万亩），占全省有效灌溉面积的25.7%，成为我国唯一有效灌溉面积达到1000万亩以上的特大型供水区，见表8-1。其中，提水灌溉面积66.74万亩，占有效灌溉面积的6.8%，建成喷灌、微灌等田间节水灌溉面积59.29万亩。灌区粮食总产量873.2万t，占全省27%。都江堰供水区已经从过去的单纯引水灌溉工程，发展成为一个“引、蓄、提”相结合的全国特大型水利工程，供水目标已由灌溉发展为旅游、环境保护等多目标的综合利用工程。

表8-1　都江堰供水区2010年灌溉面积　（单位：万亩）

分区	分片	2010年	
		小计	其中：水田
内江	内江平原供水区	242.1	204.5
	人民渠1~4期灌区	175.1	148.7
	东风渠1~4期灌区	116.7	98.5
	人民渠丘陵5~7期灌区	153.2	107
	东风渠丘陵5、6期灌区	173.3	70.6
外江	沙沟、黑石河灌区	58.5	54
	西河、三合堰灌区	64.5	55.9
规划	毗河供水灌区		
全灌区合计		983.4	739.2

第三节　都江堰灌区农业用水情况

一、灌区基本情况

都江堰供水区中除了城市和城镇生活用地以外，绝大部分为灌区。龙泉山把都江堰灌区分成东西两大部分。龙泉山以西是成都平原直流灌区，以东为川中丘陵引蓄灌区。成都平原是由岷江和沱江的洪积冲积扇联结而成。地势西北高、东南低，地面坡降2‰~5‰，都江堰渠首位于岷江冲积扇的顶部，渠首工程位于四川都江堰城西1km处的岷江河段上，工程引水处海拔高程730 m，递减至成都为500 m；龙泉山以东的丘陵灌区主要耕地海拔高程均在50 m以下，整个灌区具有颇为良好的自流灌溉和引输水条件。

灌区以岷江为主要水源，以边缘山溪河流、平原地下水为补充水源。岷江是长江一大支流，全长735km，发源于四川松潘县境内的弓杠岭，流经松潘、茂县、汶川和都江堰市境，至都江堰渠首，流程341km，集雨面积23 037km^2，年平均来水量151亿m^3。岷江激流冲出山口之后，在都江堰渠首被鱼嘴分为内外二江，外江即岷江正流，内江是人工引水河道。内江绕玉垒山顺流而下，经宝瓶口，在都江堰城区内分为蒲阳河、柏条河、走马河及江安河，呈树枝状流入成都平原，并经人工渠引水“三穿龙泉山”，进入川中丘陵区，共灌溉农田833.19万亩，占都江堰灌区总面积的82.8%。在都江堰渠首外江闸右侧取水的沙黑总河，共灌溉岷江右岸农田173.53万亩，占都江堰灌区总面积的17.2%。

全灌区共有干渠55条，长2437km；支渠536条，长5472km；斗渠5460条，长12 037km。斗渠以上建筑物4.89万座，其中干渠工程有水闸998座，隧洞334座，渡槽415座，涵管965座，倒虹管91座。蓄水设施有大型水库3座，中型水库8座，小型水库326座，塘、堰4.8万多处，总蓄水能力15亿m^3。

二、灌区用水特点

都江堰灌区历史上以农业用水为主，其次供筏运和碾磨之用。随着社会生产力的发展，用水范围日益扩大。农业方面，用水范围从成都平原直灌区，发展到丘陵区的引、蓄、提灌区；其他方面，除木材流送与动力站用水外，还提供工矿企业、城市生活、种养殖、旅游和水电站的用水。

（一）平原灌区用水特点

成都平原直灌区共计灌区面积678.6万亩，耕作制度为一年两熟，其用水分小春作物和大春作物。小春作物需水的特点是：小麦、油菜播种以后的11月至次年1月，气温较低，加之土壤含水量基本能满足种子发芽和幼苗生长的需求，结合施肥进行掺灌，用水量较少，到油菜开盘、小麦拔节孕穗阶段，这时作物需水量增大，加之这时气候干燥，土壤含水率较低，不能满足作物需水要求。因此，在1月下旬至2月中旬（立春节气前后）一般需要进行一次灌水。灌水方法由过去的漫灌改进为分厢开沟浸灌。这时岷江来水量小，但只要加强用水管理，还是可以满足这次灌水需要的。此后视气候条件和土壤含水情况决定灌水次数，一般小麦、油菜综合灌溉定额为70~110m³/亩。

大春作物以水稻（中稻）为主，稻田面积占总耕地面积90%左右。4月播种，5月收割小春作物后即泡田栽秧，9月收割。水稻作物灌溉用水，是灌区水量调配和各级水利管理的重心。水稻需水特点是：育秧用水、零星分散，用水不多，而输水损失较大，水的利用率低。岷江虽然处于枯水阶段，平原区的育秧用水，加上工业用水，基本上能满足要求，泡田载秧用水，由于油菜、小麦相对集中，几乎同时在5月中、下旬用水，泡田耗水量大，加上已栽面积又要掺灌，所以需要连续供水，此时岷江水量虽然增大，但是大面积集中用水，出现用水紧张。5月以后进入雨季，岷江也进入丰水期，虽然气温较高，耗水较大，但是岷江水量不仅可以满足作物生长需水要求，而且还大大有余。

综上分析，岷江来水和灌区需水基本上是相适应的，仅5月份大面积泡田、掺灌用水期容易出现供需矛盾。

（二）丘陵灌区用水特点

龙泉山以东的丘陵引蓄灌区的用水，主要是利用岷江夏秋丰水期，有计划地调配水量，将水输送到该地区的水库中囤蓄起来，供次年水稻灌溉，这部分水占丘陵灌区农业总用水量的70%，其余30%利用当地径流。这样就可避开春灌水源不足时，平坝和丘陵同时用水的矛盾。作物需水特点和平原区基本相似。

三、农业用水变化情况

近年来都江堰灌区的灌溉面积有所变化，但是缺乏统计数据。根据都江堰管理局提供的相关数据，其灌溉面积近年来微弱增加，由2008年的1030.4万亩增加到2012年的1040.2万亩。由都江堰管理局根据典型调查推算得到，粮食产量近年来也有所增长，由2008年的85.83亿kg增加到2012年的87.76亿kg。农业用水量近年有所增加，由2008年的41.7亿m³增加至2012年的49.94亿m³（表8-2）。由此可见，近年来都江堰供水区对保障农业用水比较重视。虽然近年来都江堰灌区的农业用水数据显示在逐步增加，但是从20世纪80年代以来，长期而言农业用水总体呈减少的趋势。

表8-2　都江堰灌区农业用水变化情况

项目	2008年	2009年	2010年	2011年	2012年
灌溉面积/万亩	1030.4	1031.7	1033	1035.4	1040.2
粮食产量/亿kg	85.83	87.09	87.20	87.30	87.76
农业用水量/亿m³	41.70	40.03	47.59	49.85	49.94

据不完全统计，2010 年成都平原地下水开采量已达到 10.17 亿 m^3，占成都平原地下水可开采量的 31.8%。丘陵区水量十分匮乏，现供水区地下水资源仅 7.61 亿 m^3，可开采量 3.85 亿 m^3，毗河供水区地下水资源仅 2.31 亿 m^3，可开采量 1.64 亿 m^3。总体上讲，目前都江堰灌区地下水开采利用很少，灌区没有将其作为主要水源使用，仅能作零星分散的农村生活饮水使用，农业灌溉用水主要使用地表水资源。

第四节　保障农业灌溉用水的有效做法

一、供水原则

（一）水权集中，统一调度，分级管理的原则

都江堰水利工程供水实行“水权集中，统一调度，分级管理”的原则。“水权集中，统一调度”，即都江堰灌区的年度供水计划批准权，由四川省水行政主管部门行使；灌区供水计划的执行调度权，由都江堰管理局行使。“分级管理”，即全灌区工农业用水由都江堰管理局统一指挥，灌区各管理处及其各管理站负责有关干渠的输水和支渠的配水工作，并按指定地点执行交接水制度。县水行政主管部门和支渠管委会，负责在支渠内部组织斗、农、毛渠和乡村的用水工作。在灌区内，每个村成立管水队，村民小组成立放水组并配备放水员。每个管水员负责 50~80 亩农田的放水工作。

（二）水量分配和调度的原则

根据水源条件，结合各用水单位的实际情况，目前都江堰的水量分配和调度的原则是，保障城乡居民生活用水，提供农业用水和工业用水，兼顾环境用水。水电站、水动力站、航运、漂木、旅游、养殖等用水，必须服从生活用水、农田灌溉和工业用水的需要，服从防洪调度。在农业用水的调度上，平原灌区主要按灌溉面积比例配水；丘陵灌区以夏秋季引水囤蓄为主，其他时段在保证平原灌区用水的前提下，有计划地输送余水。

二、用水管理制度

（一）民主协商用水计划的制度

灌区农业用水计划，按渠系由下而上地分级进行编制，每年 2 月春灌用水之前，由支渠管理人员，以支渠为单位，按要求搜集各方面的资料，通过研究分

析，编制支渠用水计划。用水计划编好后，由支渠管委会报干渠管理站汇总，再报管理处编制干渠或本处管辖灌区的农业用水计划。然后，管理局召集各管理处编制本灌区的用水计划，计算和绘制全灌区用水过程线和来水过程线，根据用水、来水过程线进行平衡分析，制定出全灌区的用水和配水计划，并将计划绘制成图表形式以供使用。农业用水的具体分配办法是，根据预告来水流量，扣除工业用水和其他用水外，分旬按干渠的分配比例，把计划引进流量分配到干渠，使各干渠都明确全年的用水过程。计划制定后，由都江堰管理局召开各管理处和有关地、市、县和各用水户参加的用水工作会议，经会议民主协商讨论通过，报请省水行政主管部门批准后执行。

（二）交接水制度

由于干渠输水线路长，跨地、市、县多，每条干渠都有上中下游之分，有农业生产季节性差异。为了使用水计划付诸实施，一般按县界范围在适当地点设置交接水站，施测水位流量关系曲线，实行上游交水（按规定量流往下游放水），下游接水的制度。

各管理处之间，农业与工业用水之间，或管理站与管理站之间，其他需要设立交接水的地方，都建立了交接水制度，既能明确分工，又能贯彻计划用水。交接水制度执行的效果，已成单位或个人工作评比和考核条件之一。

（三）水情测报制度

渠首水源站，各干渠配水站、分水站、交接水站，配水期统一规定每天8时、20时，分别观测水位。当天水源来水量情况，作为配水的主要依据，由管理局掌握，按灌区配水计划分配到各干渠，并用电讯与管理处有关部门传递。各管理处、站根据当天各干渠实配水量进行输水、交接水和支渠配水工作。同时也将下面的分水站、交接水站和灌区用水情况向都江堰管理局汇报，达到上下协调、工作主动的效果。

（四）轮灌制度

当水源不足，用水紧张时，灌区采用集中水量，支渠以下实行分段轮灌。一般各干渠之间，不采用轮灌，只在干渠内相邻几条支渠之间适当集中水量轮灌，主要是在支渠内部分段实行斗渠之间的轮灌。

（五）水费征收和管理制度

现在灌区水费的征收，按照《四川省都江堰水利工程管理条例》规定，所有用水户都必须按规定缴纳水费，水费标准的规定以供水成本为依据，实行分类计价。农业水费一般实行按亩计收或以基本水费加计量水费计收的办法，目前灌区主要实行按亩计价，农业水费一般由灌区各县负责征收，然后按规定向供水单位缴纳，生活用水、工业用水以及其他用水，则实行定量收费的办法。收取的水费，主要用于水利工程的运行、管理和维护。水费征收和管理制度的形成，对保持都江堰水利工程经久不衰，有着十分重要的意义。

（六）岁修制度

都江堰渠首、灌区渠系和分水口、河道堤防与护岸等工程，在每年洪水以后，都有不同程度的损坏和淤积，必须在岷江的枯水季节，各河系统一进行施工，修复被毁工程，清除堰口与河段的淤积，更新竹笼工程。这种一年一度常规的工程维修称为岁修。

第五节　存在的问题

一是灌溉节水方面，目前灌区的灌溉水有效利用系数为 0. 481，相对全国其他地区而言，处于中等水平，虽然就本地而言比往年有所提高，但是因为灌区范围大，发展不平衡，有些区域用水效率高，有些区域用水效率低，在节水方面还需要继续加强。同时，灌区蓄、引、提、输水工程及配套设施目前相对落后，有待进一步完善，以提高灌溉水利用系数。

二是灌溉面积减少，城镇化和工业化的进程导致城市建设用地占用了不少灌溉面积，城镇化建设如修路等占用了部分农田，尤其是成都的建设大量占用耕地，据 2011 年开展的全国水利普查口径尚未公开的数据，都江堰灌区目前实际的灌溉面积可能不足 1000 万亩，仅 900 万亩左右，与目前的统计数据相比有所偏少，城市建设于无形中侵占了一部分灌溉面积，对农业生产构成一定程度的威胁。

三是城市发展在直接占用部分耕地和灌溉农田的同时，还导致部分农田渠系受到严重损坏，如建设城郊工业园区管网、修路等城镇化基础设施影响了原来的农田渠系系统，有的甚至直接切断和损毁了农田渠系，而目前由于政策或管理方面的种种原因，对此的补偿或补修又难以到位，导致农业用水的输送管道受到很大程度的伤害，直接影响了其对应的农田用水的保障。

四是目前的城市规划往往在水资源承载能力方面欠缺全面的考虑，大规模的建设导致用水紧张。都江堰供水区目前正在兴建许多新区如天府新区等，其建设必然会导致城市生活、工业、生态环境的用水需求激增，造成各行业争水的局面，给农业用水这一弱势用水群体造成潜在的挤占，对保障农业用水带来挑战。

五是因为水费等经济因素，农民的用水负担较重，节水意识也逐步提高，在观念上更注重节水。目前每亩地一年种植作物需水 800 ~ 1000m^3，近年来灌区农田灌溉水价有所上调，平坝区灌溉水价为28 元/亩，丘陵区灌溉水价为33 元/亩，因此，农民从经济成本方面考虑，节水行为也变得更为主动，可能也会导致部分灌溉面积的减少，这也会从主观上减少部分农业灌溉用水。因而总的来说目前水价仍然低于成本，而按亩征收水费往往还会导致农业用水的浪费，但目前计量收费难度较大，难以在灌区全面实施。

六是四川地区农业用水在水质上也面临挑战，因为其自然地理因素，地质灾害频发，地震等灾害会引起部分次生灾害如泥石流等，在汛期增加了水体浊度，这势必会影响农业用水的水质。另外，在工业化建设工程中，工业生产往往也会产生污染，虽然目前灌区来水还保持在Ⅱ-Ⅲ类，但未来一段时期，工业化推进会进一步对水质造成威胁，可能会引起都江堰灌区出现水质型缺水。另外，目前农业面源污染较为严重，上游农田的退水往往造成下游农田水质受到影响，残留农药等造成污染物指标或者有毒物质超标，影响农业用水安全。

第六节　相关对策与建议

一是城市建设规划应该考虑农业用地和粮食安全的问题，用水规划应该充分考虑当地的水资源承载能力，符合现有和未来规划水利工程的供水能力。

二是加快水价机制的改革。都江堰灌区农业水价普遍偏低，按亩收费会导致灌溉面积的减少，可能带来统计口径上的减少（如农民报低灌溉面积），也可能带来真正意义上的减少（如农民因比较效益低而降低灌溉意愿），而单位灌溉面积上的用水可能又会带来浪费，不利于节水灌溉的发展。农业用水应按成本收费，对蔬菜、果树以及养殖业等经济作物用水，应适当提高水价。对超计划用水，应实行超额加价，提出既让农民可以接受，又可以有效约束农业用水的水价机制。

三是加强灌区水量调度，严格灌区用水制度。一方面根据岷江上游来水加强都江堰渠首的水量调度，合理地分配岷江来水；另一方面，在用水高峰期，严格实行灌区用水轮灌制度。

四是对都江堰灌区各级渠道进行防渗配套整治。都江堰灌区主要输水干渠 11 条，总长 593.1km，目前需要进行防渗配套整治的渠道有 246km。完成工程的配套整治后，可以减少输水损失 10%，多输水 0.55 亿 m^3。

五是建立管道输水、地下管道灌溉、渗灌、喷灌、滴灌、微灌等节水灌溉示范区，加大农业节水灌溉力度，大范围推广科学用水技术和节水措施，逐步实现节水型农业建设的目标。

六是加大水资源保护力度。对都江堰灌区而言，灌溉用水的水质虽然目前较好，然而受农业面源污染，下游水质受到影响。应以科学施肥用药为指导，大力推广使用高效、低毒、低残留农药、生物农药和新药械，控制面源污染，最终实现都江堰水资源的可持续利用。

第九章　调 研 总 结

通过对典型省份和灌区的实地调研，作者基本摸清了我国不同区域农业用水的现状，了解到城镇化、工业化影响农业用水的原因，总结了各地保障农业用水的做法。

第一节　农业用水总体情况

由于我国幅员辽阔，不论从城镇化和工业化发展水平、农业生产方式和种植结构，还是从水资源本底条件、农灌水源及方式、农业用水管理等方面来看，各个地区均有其自身的特点。就共性而言，我国农业用水现状有以下特点。

（一）农业用水总量呈下降趋势

通过调研可知，近年来几个典型地区的农业用水总量总体呈下降趋势，1997～2012年，北京的农业用水量由18.12亿m^3降为9.3亿m^3，河北的农业用水量由174.36亿m^3降为142.9亿m^3，宁夏的农业用水量由86.76亿m^3降为61.4亿m^3。灌区的用水量减少也很明显，以河北石津灌区、灵正灌区和计三灌区为例，2000年之后农业用水量仅为20世纪60年代的四分之一，减少十分明显。总体来看，16年间我国尤其水资源短缺的北方地区，农业用水总量呈减少趋势。

（二）农业用水效率呈上升趋势

在用水效率方面，近年来我国农田灌溉亩均用水量总体呈减少趋势，其中吉林农田灌溉亩均用水量由1997年的562m^3下降到2012年的380m^3，宁夏农田灌溉亩均用水量由1997年的1648m^3下降到788m^3，其他北京、河北等几个地区也呈逐年递减趋势，反映了近16年来我国社会经济发展的同时，农田灌溉技术和水平逐步提高以及农业水资源的有效利用程度加强。2012年全国农田灌溉水利用系数已经提高到0.52，其中江苏调研的几个灌区灌溉水利用系数已经达到0.60以上。

（三）农业用水区域特点明显

由于我国幅员辽阔，各地水资源禀赋条件各异，农业灌溉方式不同，农业用水的区域特点明显。例如，河北城镇化和工业化发展总体发展水平相对较高，地区的粮食生产任务较重、用水需求量大，但水资源可利用总量不足，城镇、工业和农业竞争型用水较为突出。宁夏气候极端干旱，灌溉是农业生产的命脉，农业用水占比大，同时工业化和城镇化水平相对落后，有较大的发展空间。吉林水土资源较为均衡，城镇化、工业化发展较快，同时地区粮食生产任务较重、用水需求量大。江苏城镇化和工业化发展水平相对较高，水资源比较丰富。总之，各个区域的农业用水都有其区域特色。

第二节 影响农业用水的原因分析

（一）一产比重持续下降，二三产比重上升

工业化发展导致农业用水量或农业用水比重持续减少，产业结构调整是直接因素。在新中国成立之初，我国是个典型的农业国，随着产业结构几次较大的调整，第一产业比重持续下降，工业不断壮大，服务业在国民经济中的地位日益提高。到 1997 年，第一产业所占比重仅为 18. 3%；至 2012 年，则进一步下降到 10. 1%，年均下降 0. 54 个百分点。在产业政策直接干预和间接诱导下，部分农村劳动力和土地资源、水资源等要素不断流向第二、第三产业。随着从事农业生产的劳动力、资源等要素投入下降，农田灌溉需求随之降低，进而造成了农业用水量下降。

（二）人口由农村向城镇快速转移

城镇化发展导致我国农村人口持续减少，城镇人口快速增加。2012 年，城镇人口占比上升至 52. 57%，相比 1997 年，全国城镇人口净增 34 193 万人，而农村人口减少 22 415 万人，城镇人口占总人口比重增长 22. 65%，年均增长 1. 42 个百分点。由于城镇居民生活用水定额远高于农村居民，城镇人口规模扩大导致了城镇生活用水量大幅提升，同时，随着生活水平的不断提高，城镇生态环境用水需求也在大幅增长，这是城镇化过程中人口结构变化带来的直接效应。在水资源紧缺的区域，为了满足日益增长的城镇用水需求，部分农业水源开始转为城市供水，这给农业用水保障带来了一定的困难。

（三）农业比较效益持续降低

城镇化、工业化进程的推进，农业在国民经济各部门中的比较效益持续降低，影响各方面支持农业用水的积极性。首先，单方水的工业收益要远远大于农业收益，从区域经济发展的角度考虑，地方政府部门更愿意将有限的水资源用于支撑工业发展。其次，水价的差异使得供水管理部门更愿意供水给城镇和工业；

再次，从农民自身利益的角度考虑，单纯粮食生产获得的收入很低，而务工的收入要远远高于粮食生产收入，这就促使很多农民进城务工，降低了农业用水的自身需求。最后，比较效益也在农业内部发挥着作用，农民更倾向于用耐旱作物来替代高耗水作物，以减少水费和人工投入，降低种植成本，这也会减少农业用水量。

（四）农田水利工程年久失修

我国灌区工程老化问题比较严重，农田水利工程年久失修，部分设备超过使用年限，运行效率低下，有的已经不能正常使用。而就灌区建设总体而言，节水工程配套设施缺乏，节水设施配套率为25%，农田水利用效率虽然逐步提高，但是与节水发达地区还有一定差距；渠道节水效果并不明显，多数财政资金都用在了骨干工程的改造上，导致支渠以下的配套工程进展缓慢。工程老化是影响农业用水的一个重要因素，对农业生产产生了较大影响。

（五）城镇生活和工业排污量大，水源污染严重

我国每年有大量工业废水和生活污水排入江河、湖泊之中，严重污染了河湖水质，农业用水的水质因而受到了影响，灌溉水源水质不达标的现象较为严重，造成了农业水源污染和灌溉水质型缺水。虽然农业灌溉用水对水质要求不高，但是若长期使用不达标的水进行灌溉，会降低土壤生产力或农产品质量，对人的身体健康有一定的影响。更为严重的是，一些有毒有机污染、化学污染和重金属污染，会直接损害人体健康，产生极恶劣的后果。

第三节　农业用水保障经验总结

（一）出台相关法规政策是根本

多年来，为了加强农业用水管理和保障，国家先后出台了《水法》《农业法》《水污染防治法》等法律法规，保障了农业用水的权益；颁布了《中共中央国务院关于加快水利改革发展的决定》等政策文件，保障农业灌溉工程良性运行和农业灌溉用水需求；编制了《国家农业节水纲要（2012—2020）》等专项规划来指导农业用水。此外，各地结合自身农业灌溉特点，制定了一系列保障农业用水、加强农业用水管理的法规、规划和政策，有力地推动了农业用水的管理。

（二）完善灌排工程体系是基础

加大农田水利工程建设投入，完善工程体系，推进灌区灌溉工程的良性运行，提高农业灌溉用水利用效率，是保障农业灌溉用水的重要措施。近年来，我国主要通过实施大型灌区续建配套和节水改造、小农水重点县建设等项目来完善

农田灌排工程体系，逐步建立起适合农村特点、保障有力、良性运行的灌区管理体制和运行机制，提高了灌区管理单位运行管理能力，促进了灌区节水改造、农业提质增效。

（三）推广节水灌溉技术是核心

农业是用水大户，其用水量约占全国用水总量的65%，在西北某些省份则占到90%以上。为了应对日趋严重的缺水形势，发展节水农业是一种必然选择。党中央、国务院高度重视节水灌溉工作，2011年中央1号文件和中央水利工作会议更是要求把节水灌溉作为一项战略性、根本性措施来抓。近年来，水利部党组对发展节水灌溉进行全面部署，把节水灌溉作为加快水利改革发展的一项重要工作内容。各地适应农业发展要求，大力推广节水灌溉技术，全国节水灌溉发展取得了显著成效。

（四）加强灌排工程管理是关键

农业灌溉工程良性运行是保障农业用水的关键。近年来，在农业灌溉工程管理领域，开展了水管体制改革（灌区管理体制改革），基本理顺了我国农村水利工程的分级管理体制，进一步明确了各管理主体的权责，提高了农村水利管理的水平，促进了农村水利工程的良性运行，这在一定程度上保障了农业灌溉用水。

推进了农业水价综合改革。自2007年开始开展农业水价综合改革示范，提出了将末级渠系节水改造、用水户协会规范化建设和农业终端水价制度整体推进的“三位一体”的工作思路，基本达到了减轻农民水费负担，促进农业节水，保证国家粮食安全的目标。

探索小型农田水利工程产权制度改革。结合项目建设特点，各地积极探索各种管理模式，落实工程建后管护责任，促进了工程的良性运行。

大力推进农民用水户协会建设。农民用水户协会在改善田间工程管理和维护状况、提高供水的及时性和公平性、促进节约用水、减轻农民水费负担、提高水费收取率、增强农民民主管理意识等方面发挥了重要作用。

参考文献

北京市农委，北京市农业局会同市发改委，北京市财政局，等．2009. 北京都市型现代农业基础建设及综合开发规划（2009~2012年）.

北京市水务局，北京市农委，北京市财政局，等．2006. 北京市农民用水协会及农村管水员队伍建设实施方案.

北京市水务局．2006. 北京市农村管水员专项补贴资金管理暂行办法.

北京市水务局．2006. 北京市选聘村级管水员考试办法.

北京市水务局．2006. 关于印发村农民用水分会工程管护等五项制度的通知.

财政部，水利部．2011. 关于从土地出让收益中计提农田水利建设资金有关事项的通知.

广东省水利厅．2010. 广东省中小型灌区改造试点实施方案的通知.

国家统计局．1980~2011. 中国统计年鉴．中国统计出版社.

国务院．2010. 中共中央、国务院关于加快水利改革发展的决定.

国务院．2012. 国务院关于实行最严格水资源管理制度的意见.

河北省财政厅．2011. 土地出让收益计提农田水利建设资金管理办法.

环保部．1997~2012. 中国环境统计年报.

江苏省水利厅，江苏省发改委，江苏省农委，江苏省财政厅．2013. 关于大力推广节水灌溉技术着力推进农业节水工作的意见.

宁夏水利厅．2009. 宁夏黄河水资源初始水权分配方案.

农业部．2012. 农业部关于推进节水农业发展的意见．农农发［2012］1号.

水利部，财政部．2013. 关于深化小型水利工程管理体制改革的指导意见.

水利部．1997~2011. 中国水资源公报.

水利部．2014. 水利部关于深化水利改革的指导意见.

水利部长江水利委员会．2006~2012. 长江流域即西南诸河水资源公报.

水利部海河水利委员会．2006~2012. 海河流域水资源公报.

水利部黄河水利委员会．2006~2012. 黄河流域水资源公报.

水利部松辽水利委员会．松辽流域水资源公报．2006~2012.

四川省水利厅．2009. 四川省水利厅关于做好中小型灌区续建配套与节水改造有关工作的通知.

中共中央十八届三中全会．2013. 中共中央关于全面深化改革若干重大问题的决定.

中华人民共和国国家标准．2005. 农田灌溉水质标准（GB5084—2005）.

中华人民共和国水利部．1996~2011. 中国水资源质量年报.

第三篇

城镇化、工业化进程中农业用水保障对策研究

第一章　概　　述

当今世界，粮食安全、能源与资源安全、金融安全并称为全球三大经济安全，为各国政府和国际社会高度关注。我国既是粮食生产大国，更是粮食消费大国。在城镇化、工业化快速发展的背景下，保障我国粮食安全既是“三农”工作的重中之重，也是应对复杂国际环境、保持经济社会健康持续发展的重大基础战略。解决粮食问题，除了要靠完善的农业基础设施、农业科技等，还要确保粮食生产要素的有效供给，其中水资源是保障粮食生产的重要因素之一。因此，保障农业用水是保障粮食安全生产的重要条件。

第一节　农业用水的重要地位

农业是国民经济的基础，是国民经济中最基本的物质生产部门，主要表现在：农业是人类社会的衣食之源，生存之本；农业是工业等其他物质生产部门与一切非物质生产部门存在和发展的必要条件；农业是支撑整个国民经济不断发展与进步的保障。农业的基础地位和作用是由其自身的性质所决定的，不会随着社会经济的发展、农业在国民经济中的比重下降而改变。我国是一个拥有 13 亿人口的发展中大国，农业历来被认为是安天下、稳民心的战略产业。

国内外实践表明，农业灌溉是一种有效提高农业产量的方法，灌溉农业与旱作农业相比，谷物产量可提高 6 倍左右。在我国几千年悠久文明的历史长河中，农业灌溉在保障农业生产和促进经济社会发展中始终占有重要地位。新中国成立后，党和政府高度重视农田水利事业发展，60 多年来我国的农田灌溉面积从 2. 4 亿亩发展到目前的 9. 22 亿亩，在我国人均耕地面积只占世界人均 30% 的情况下，耕地灌溉率达到世界平均水平的 3 倍，人均灌溉面积与世界人均水平基本持平。我国每年在占全国耕地面积 45% 左右的灌溉土地上生产的粮食占全国粮食总产量的 75%，生产的经济作物占总产量的 90% 以上。由于灌溉农业的发展，我国农业的产量一直比较稳定，受旱涝波动影响较小。截至 2014 年，我国粮食实现了“十一连增”的奇迹。我国以占世界 6% 的可更新水资源量和占世界 9% 可耕地的条件，成功地解决了占世界 22% 人口的粮食供给问题，自给率稳定在95%以上，这是一个了不起的成绩，其中灌溉农业功不可没。

第二节　农业用水特点

农业用水应用于农业生产，具有季节性的特征，同时与降水量和灌溉技术等也密切相关。因此，相对于工业用水和生活用水，在城镇化和工业化的进程中，农业用水表现出其独有的特点。

（一）农业用水有很强的季节性

农业用水时间依赖于当地农作物的种植类型、灌溉制度和自然气候条件，表现为用水时间相对集中，有“关键水”、“救命水”之说。我国北方地区主要以种植冬小麦和玉米为主，这两种作物的需水有很强的季节性。以冬小麦为例，在抽穗灌浆期所需的水量占小麦总需水量的19%，灌浆成熟期所需水量占总需水量的24%，由于这两个环节周期短、用水量大，加上这一时段自然降水量小，不能满足小麦生长需要，形成了用水高峰期。如果农业用水在这一关键时期得不到保障，必将造成作物减产。因此，在灌溉季节必须将农业用水放在重要保障地位，通过加强政策、管理和调度来保证作物生长关键时期灌溉用水。

（二）农业用水“逆消费”，管理难度大

农业用水作为一种商品，其用水量的多少依赖于自然降水量，表现为用水量随机性大，特别是“水多少用、水少多用”。一般来说，在丰水年份，降雨充沛，河流、水库和湖泊来水量大，但是由于降水量大，农业灌溉需水量反而减少；而在枯水年份，正好相反，由于降水量不足，农业灌溉需水量反而加大。在我国，很多地区的自然降水量年际变化大，由于农业用水的“逆消费”特点，加大了灌溉用水管理的难度。

（三）农业用水水质关乎农产品品质和人体健康

与其他用水相比，农业用水对水质要求不高（生食瓜果蔬菜类灌溉用水除外），城市污水经过一定的再生处理可以满足灌溉用水的要求，城市排水中的氮、磷等营养物质可以作为农作物的肥料使用，再生水用于农田灌溉有着广阔的前途。但是必须要注意，作为灌溉用水，使用之前一定要经过严格处理，以达到其相应的水质指标要求，否则会导致二次污染。我国大规模利用污水进行灌溉开始于1957年。由于当时城市污水水质成分相对单一，污染物含量少而人粪尿等有

机物含量较高，经过污灌的庄稼长势非常喜人，节肥增产效果异常显著，污灌也因此被视作一举两得的好办法。随着城镇化、工业化的快速发展，污水中对农业生产有害的物质也越来越多，污水如果未经任何处理或者处理不达标直接排向农田灌溉渠，会造成农作物污染，品质下降，甚至对人体产生影响。近年来，我国一些地方不断出现了“镉大米”、“铅砷小麦”等粮食品质安全问题，即与农业灌溉水源污染有关。因此，需要密切关注农业用水水质问题，这关乎农产品品质和人体健康。

（四）农业用水效率和效益不高但关乎粮食安全

相比工业用水，农业用水的效率和效益不高，我国农业用水的效率只有50%左右，单方水用于农业和工业的GDP产出差距达几十倍到几百倍。虽然农业用水效率和效益低，但是农业用水是保障粮食安全的重要支撑。随着经济和社会的发展，自然资源相对来说更加短缺，特别是土地资源、水资源等对粮食生产的约束越来越大，如何实现粮食安全已经成为各国政府和国际社会高度关注的重大战略问题。我国作为人口大国，粮食消耗量最大，而且对粮食数量、粮食质量、粮食生产的稳定性等方面的要求也更高，而实现粮食安全所面临的耕地资源、水资源短缺的压力进一步增大。实现粮食安全，保障农业用水是保障粮食安全的重要任务之一。

（五）农业用水容易受到挤占

由于农业是弱势产业，效益比较低，从资源最优配置的角度来看，水资源更多地流向了效率高的产业和部门。近年来，随着水资源供需矛盾加剧，城镇化、工业化的快速发展，在水资源短缺的地区，很多地方为了追求经济效益最大化，通常以行政指令直接将经济效益较低的农业用水转移到经济效益较高的城市用水和工业用水中去。在农业用水转移中，几乎都由当地政府或水行政主管部门进行决策和实施，农民在此过程中缺乏知情权和发言权，转让成本很低，农业用水受到严重影响，却得不到相应的补偿。

第三节 中国农业用水状况

一、农业用水水量

新中国成立以来，我国农业用水总体上经历了“持续增长—缓慢下降—缓慢上升—基本稳定”的历程。1949年农业用水总量为1001亿m^3，1949~1996年农业用水量持续增长。1997~2012年农业用水呈现波动，从1997年的3920亿m^3

一直缓慢下降到2003年的3433亿 m^3，2004年后农业用水又缓慢上升，2012年为3902.5亿 m^3。总体来看，近些年农业用水水量基本稳定。农业用水占总用水量的份额逐年减少，已从1949年的97.1%减少到2012年的63.6%，尤其是改革开放以后，下降速度有所加快，1990~2003年年均下降比重约为1%，而同期工业用水、生活用水、生态环境用水（补水量）逐年上升。

农业用水包括灌溉用水和林牧渔用水，其中灌溉用水是农业用水的大户，是农业用水中最主要也是最重要的一部分，约占农业用水的90%以上。2012年全国农业用水量为3902.5亿 m^3，其中农田灌溉用水量为3382.7亿 m^3，占总用水量的86.7%，林牧渔畜用水量占13.3%。

由于水资源缺乏，北方许多地区多采用非充分灌溉方式，只能维持灌溉农作物生产关键时期供水需要。根据《全国水资源综合规划》（2010年）以及其他研究成果分析，按照灌溉保证率北方地区50%、南方地区75%来测算，全国现状农业灌溉缺水约200亿~300亿 m^3。

二、农业用水水质

《中国水资源质量年报》从2006年开始对农业用水区水质达标率的年度数据进行统计。根据2006~2012年的统计数据，近年来农业用水区水质达标率在30.4%~37.6%，明显低于全国水功能区水质达标率，在七类二级水功能区中偏低，农业用水区水质状况不容乐观。如图1-1所示。

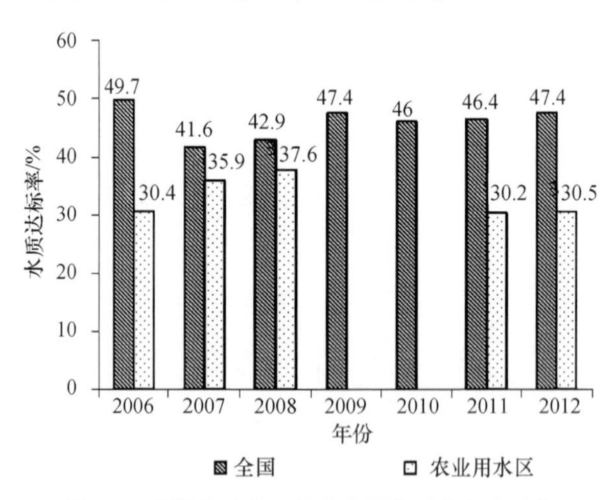

图1-1 全国水功能区及农业用水区水质达标率

根据《海河流域水资源公报》《黄河流域水资源公报》《长江流域及西南诸河水资源公报》《松辽流域水资源公报》，分析各大流域近年来农业用水区水质达标程度，如表 1-1 所示。近年来海河流域农业用水区水质达标率为 9.2%~18.3%，相对于其他流域，海河流域农业用水区水质明显较差；黄河流域农业用水区水质达标率逐年变好，2012 年为 62.5%，比 2007 年的 25.0% 提高了 37.5%（表 1-1）。

表 1-1 各流域农业用水区水质达标率情况

年份	农业用水区水质达标率/%			
	海河流域	黄河流域	松辽流域	长江流域*
2007	—	25.0	33.8	33.3
2008	—	27.3	41.2	0.0
2009	11.8	37.5	—	33.3
2010	18.3	33.9	—	0.0
2011	11.0	48.9	—	0.0
2012	9.2	62.5	—	23.5

* 长江流域农业用水区每年仅 2~3 个监测点。

三、农业用水效率

我国农业水资源严重短缺，同时存在用水效率低下和浪费严重的现象。近几年来，我国加快了农业节水灌溉发展，在总结已有经验的基础上，推广了多种节水技术。在全国有效灌溉面积稳步增加、粮食产量与经济作物产值逐年提高的情况下，灌溉水利用率和效益也得到较大提高。2005 年我国农业灌溉用水有效利用系数约 0.45，2010 年达到 0.5，2013 年提高到了 0.523。同时，与土渠输水灌溉相比，渠道防渗、低压管道输水、喷灌、微灌等节水灌溉技术可节省灌溉工程占地，显著提高土地利用率。据初步分析，“十一五”期间，通过推广节水灌溉技术，节水约 150 亿 m^3。但是从整体上来看，我国的农业用水水平还比较低。一些地方还存在大水漫灌现象，灌溉过程中由于蒸发、渗漏等原因，水分损失很多，农田灌溉水有效利用系数远低于 0.7~0.8 的世界先进水平；灌溉方式落后，导致灌溉水量一般都要超出农作物实际需水量的 1/3 甚至 1 倍以上，水分生产率（单位用水的粮食产量）不足 1.2kg/m^3，而世界先进水平为 2kg/m^3 左右。

第四节 中国农业用水保障的现状和问题

为确保中国粮食安全，实现国家农业可持续发展，党和政府采取了一系列措施。在农业用水方面，通过出台法律法规、编制发展规划、加大投入、加强农田水利建设与管理等措施，大力发展农业灌溉，提高了粮食生产的用水保障和灾害应对能力，逐步改变了“靠天吃饭”的局面，稳步提高农业综合生产能力，2004年以来实现了粮食产量的“十连增”。

一、法律法规、政策和规划方面

（一）法律法规

改革开放以来，随着依法治国方略的确立与实施，我国制定出台了一些与农田水利、农业用水有关的政策，包括《中华人民共和国水法》《中华人民共和国农业法》《取水许可和水资源费征收管理办法》《水利工程供水价格管理办法》等，这些法律法规主要就确保农业灌溉水源、加强农业灌溉设施建设、推进农业灌溉节水等方面作了具体规定。除了国家出台的法律法规外，一些地方结合本地农田水利和农业用水的实际，出台了相关的地方性法规和政府规章，来规范农田水利建设与管理，加强农业用水保障。

（二）政策文件

2011年中央1号文件《中共中央国务院关于加快水利改革发展的决定》聚焦水利，提出要大兴农田水利建设，通过实施大中型灌区续建配套和节水改造、小型农田水利工程建设、大力发展节水灌溉等三大措施来完善农田水利基础设施，提高农业抗御水旱灾害的能力，确保粮食稳产高产，保持农业农村良好的发展势头。2012年国办印发《国家农业节水纲要（2012—2020）》，全面推动节水灌溉发展。2014年水利部印发《关于深化水利改革的指导意见》，其中有关农田水利改革方面，提出要创新农田水利组织发动和建设机制，加快农村小型水利工程产权制度改革，促进农田水利发展，保障国家粮食安全。

（三）相关规划

在农业用水方面，国家编制了《现代农业发展规划（2011—2015）》、《全国水资源综合规划》（2010年）、《水利发展规划（2011—2015）》等专项规划来确保农业用水。此外，《全国节水灌溉发展“十二五”规划》、《全国大型灌区续建配套与节水改造“十二五”规划》（2011年）等相关规划中也对保障农业用水提出了相应要求。

《现代农业发展规划（2011—2015）》提出加快大中型灌区、排灌泵站配套改造，新建一批灌区，大力开展小型农田水利建设，增加农田有效灌溉面积。

《全国水资源综合规划》（2010年）对2020年和2030年农业用水供需平衡进行分析，并指出要大力发展农业节水，加强灌区节水改造和田间高效节水灌溉，提高农业节水水平。《水利发展规划（2011—2015）》提出，"十二五"期间我国将加强农田水利建设。《全国节水灌溉发展"十二五"规划》提出要在"十二五"期间全国将力争新增高效节水灌溉面积1亿亩，比此前中央1号文件提出的5000万亩的目标高出一倍；在大型灌区续建配套与节水改造方面，提出到2015年年底，全国要完成70%以上的大型灌区及50%以上重点中型灌区的续建配套和节水改造任务，涉及农田灌溉面积2.83亿亩。《全国大型灌区续建配套与节水改造"十二五"规划》（2011年），对全国大型灌区续建配套与节水改造进行了具体部署，对骨干工程和田间工程建设提出了具体措施。

二、农田水利工程建设方面

加大农田水利工程建设投入，推进灌区灌溉工程的良性运行，提高农业灌溉用水利用效率，是保障农业灌溉用水的重要方面。近年来，我国主要通过实施大中型灌区续建配套和节水改造、小农水重点县建设、农业综合开发、国土整治等项目来完善农田灌溉工程体系。

一是灌区续建配套节水改造。1996~2014年，已累计下达大型灌区节水改造投资计划860亿元，占规划骨干工程投资的66%，其中中央投资517亿元，地方配套资金343亿元。有248处大型灌区完成了规划投资任务。大规模的农田水利建设提高了农业用水利用效率，改善了农民的灌溉种植条件，有效地促进了农民经济收入的提高。我国农田灌溉水利用率已由"十五"初期的0.40左右提高到2013年的0.523左右。

二是开展小农水重点县建设。2005~2013年，全国共安排重点县项目2050个，工程总投资为1113亿元。小农水重点县建设有效地解决了部分地区农业灌溉"最后一公里"的问题，解决了农民最关心、最直接但又无力解决的农业灌溉问题。

三是大力推广节水灌溉。21世纪以来连续发布了11个中央1号文件和2011年中央水利工作会议，都把发展节水灌溉作为重大战略举措。国家"十二五"规划和《国家农业节水纲要》中进一步明确了节水灌溉发展的指导思想和目标任务。为了推动节水灌溉工作，中央和地方出台了一系列政策措施，编制了相关规划，完善了技术标准，不断加大投入，实施大中型灌区续建配套与节水改造、高效节水灌溉重点县以及区域规模化高效节水灌溉行动。截至2013年年底，全国有效灌溉面积达到9.52亿亩，其中节水灌溉工程面积4.07亿亩，占有效灌溉面积的42.71%，高效节水灌溉面积2.14亿亩，占有效灌溉面积的22.47%。

三、农业灌溉用水管理方面

一是加强农田水利工程管护投入。加大财政投入力度，完善农田水利工程，为加强工程运行管理和维护创造条件。各地积极探索财政对灌溉工程运行费用补助的有效途径，采取财政补助、电价优惠、水土资源补偿等补助方式，对农业用水进行补贴。

二是推进农业水价综合改革。将末级渠系节水改造、用水户协会规范化建设和农业终端水价制度整体推进，实现了按水量计价收费，测算了终端水价，解决了农村税费改革以来，农业水价改革、水费计收与农田水利建设方面存在的一系列问题。

三是推进灌溉工程管理改革。国有大中型灌区管理体制改革和小型农田水利工程产权制度改革，基本理顺了我国农村水利工程分级管理体制，进一步明确了各管理主体的权责，提高了农村水利工程管理水平，促进了农村水利工程良性运行，保障了农业灌溉用水。

四、农业用水保障存在的问题

一是从根本上保障农业用水缺乏权威系统的法律法规。我国的农业水资源保护没有专门的立法，而且相关法律法规都是按照行业线条制订的，对农业灌溉用水保护虽有涉及，但不系统、不明确，现实中还难以有效规范和指导农业灌溉用水制度的发展和完善。

二是农业用水的工程设施体系还不健全。目前，由于水资源紧缺、水源保障工程不足、水资源调蓄能力较低，全国有近半数的耕地没有灌溉水源或缺少基本灌溉条件。现有灌溉面积中灌溉设施配套差、标准低、效益衰减等问题依然突出，全国40%的大型灌区骨干工程、50%以上的中小型灌区及小型农田水利工程设施不配套和老化失修，大多灌溉泵站带病运行、效率低下，农田水利“最后一公里”问题仍很突出。特别是严重干旱时供水不足，易导致大面积受灾，遇到较强降雨容易造成农田渍涝。

三是农业用水管理的体制机制还不完善。大中型灌区管理体制改革还不到位，目前的水管理体制多从工程着眼，重建设轻管理、重硬件投资轻软件投入的倾向普遍存在。缺乏相关的经营管理人才，缺乏有效的激励机制，不利于提高农业用水的效率。用水户参与农业用水管理制度的落实还不够，很多农民对用水户参与制度缺乏了解，对节水的重要性和紧迫性缺乏认识，民主参与、民主监督不足。缺乏保障水资源产权流转及其权益的行政管理机构、法律法规体系和强有力的执法监督系统。

第五节 城镇化、工业化进程中农业用水保障面临的形势

一、城镇化、工业化发展势头强劲

（一）城镇化推进迅速

城镇化是伴随工业化发展，非农产业在城镇集聚、农村人口向城镇集中的自然历史过程，是人类社会发展的客观趋势，是国家现代化的重要标志。改革开放以来，伴随着工业化进程加速，我国城镇化经历了一个起点低、速度快的发展过程。1978~2012 年，全国人口从 9.63 亿人增加到 13.54 亿人，其中城镇常住人口从 1.7 亿人增加到 7.12 亿人，城镇化率从 17.9% 提升到 52.6%，年均提高 1.03 个百分点；城市数量从 193 个增加到 658 个，建制镇数量从 2173 个增加到 20 113 个。城镇化的快速推进，吸纳了大量农村劳动力转移就业，提高了城乡生产要素配置效率，推动了国民经济持续快速发展，带来了社会结构深刻变革，促进了城乡居民生活水平全面提升，取得的成就举世瞩目。

2013 年 12 月，中央城镇化工作会议提出了推进城镇化的六个主要任务，包括推进农业转移人口市民化、提高城镇化建设用地利用效率、建立多元可持续的资金保障机制、优化城镇化布局和形态、提高城镇化建设水平、加强对城镇化的管理等。会议还讨论并修改了《国家新型城镇化规划（2014—2020）》，该规划已在 2014 年 3 月出台。根据该规划，我国未来一个时期城镇化发展是以人的城镇化为核心，城镇化发展将合理引导人口流动，有序推进农业转移人口市民化；推动信息化和工业化深度融合、工业化和城镇化良性互动、城镇化和农业现代化相互协调，促进城镇发展与产业支撑、就业转移和人口集聚相统一，促进城乡要素平等交换和公共资源均衡配置，形成以工促农、以城带乡、工农互惠、城乡一体的新型工农、城乡关系。由此可见，未来城镇化人口布局、产业布局的发展，也必然会对农业用水格局的变化产生影响。

（二）工业化突飞猛进

改革开放 30 多年来，我国工业化发展的步伐突飞猛进。1978 年我国工业产值为 1607.0 亿元，1990 年增长至 3448.7 亿元，2000 年增长至 40 033.6 亿元，2012 年我国工业产值已经增长至 199 670.7 亿元，实现了跨越式增长。根据国家

统计年鉴，2012 年我国工业化率为 40%，工业化已经进入中后期阶段，为改造传统农业提供更多现代化要素的能力大大增强。

国务院 2011 年印发了《工业转型升级规划（2011—2015 年）》，指出“十二五”期间，我国工业发展环境将发生深刻变化，长期积累的深层次矛盾日益突出，粗放增长模式已难以为继，已进入到必须以转型升级促进工业又好又快发展的新阶段。工业转型升级是我国加快转变经济发展方式的关键所在，是走中国特色新型工业化道路的根本要求，也是实现工业大国向工业强国转变的必由之路。2011~2013 年，国家还陆续发布了《工业节能“十二五”规划》《节能减排规划（2011—2015 年）》《“十二五”国家自主创新能力规划》《全国老工业基地调整改造规划（2013—2022 年）》等相关工业规划，这反映了我国未来工业化的发展方向，需要加强节能减排，推进老工业基地的改造，并促进与信息化的融合，从根本上提升自主创新能力。

二、国家对农业的重视程度越来越高

越是城镇化、工业化发展，农业对国民经济的支撑作用就越重要。虽然随着城镇化、工业化的发展，农业在国民经济中的经济比重逐步降低，但是不能简单从数字上看农业对经济发展的贡献。首先，农业是国民经济的基础，是人类社会的衣食之源，生存之本。我国是人口大国，解决好吃饭问题，才有精力发展其他产业，才能保证社会的稳定。其次，农业是工业等其他物质生产部门与一切非物质生产部门存在与发展的必要条件，是国家建设资金积累的重要来源，是出口物资的重要来源，是支撑整个国民经济不断发展与进步的保证。最后，只有农业发展了，农业劳动生产率提高了，才能可能使更多的人力、物力、才力转移到第二和第三产业，才能推动国民经济的全面现代化。因此，农业的重要地位在任何时候都不能被淡化。

近年来的国家有关的方针政策体现了我国对农业的重视程度越来越高。2012 年，国务院发布了《全国现代农业发展规划（2011—2015 年）》，提出了“十二五”时期现代农业建设的思路、目标和任务。党的十八大进一步提出坚持走中国特色新型工业化、信息化、城镇化、农业现代化道路，加快发展现代农业，增强农业综合生产能力，确保国家粮食安全和重要农产品有效供给，明确和发展了现代农业建设的目标与任务。习近平在 2013 年全国农村工作会议上指出，农业还是“四化同步”的短腿，农村还是全面建成小康社会的短板。中国要强，农业必须强；中国要美，农村必须美；中国要富，农民必须富。农业基础稳固，农村和谐稳定，农民安居乐业，整个大局就有保障。必须坚持把解决好“三农”问题作为全党工作重中之重，坚持工业反哺农业、城市支持农村和多予少取放活方针。由此可见，推进农业现代化的发展，是党中央站在新的历史起点上做出的重大决策，表明了中央重视农业的决心和要求。

随着国家对农业越来越重视，农业基础地位的加强，农业现代化对用水保障的依赖程度越来越高。农业现代化一般会带来土地的集约化和经营的规模化，而这种农业生产方式的转变，使之对农业用水保证率的要求更高，使得灌溉方式、灌溉时间、灌水量逐步向标准化、程序化和高效化发展，使得对灌溉水质的要求更高。

三、生态文明建设加速布局

当前，我国生态保护的形势十分严峻，河流断流、湖泊萎缩、湿地退化、地下水超采、水体污染等问题非常严重，工业用水挤占农业用水、农业用水挤占生态用水的现象，导致全国各个区域均存在不同程度的水生态压力和水生态风险，局部区域甚至出现严重的水生态安全问题。例如，海河流域水资源过度开发，生态用水被严重挤占，导致该区域是水生态状况最差、水生态压力最大的地区之一。

党的十八大将大力推进生态文明建设提到了前所未有的新高度，形成社会主义现代化经济建设、政治建设、文化建设、社会建设和生态文明建设“五位一体”的总体建设格局。水利部按照中央指示精神，相继印发了《水利部关于加快推进水生态文明建设工作的意见》等指导文件，强化政策驱动，着力科学促动，突出试点带动，积极推进水生态文明建设。水生态文明建设方针的提出，对农业用水保障提出了更高的要求。在保障农业用水的同时，需协调好农业用水与生态用水的关系，保障生态用水不被挤占。

四、农业保障面临的有利和不利条件

有利的方面主要在于城镇化和工业化的发展，为农业用水保障带来了资金和技术等方面的便利条件。一方面，城镇化与工业化的发展，有利于促进各级财政对农田水利基础设施建设投入的增加，同时也能加强社会资金对农田水利建设的投入。近年来我国水利资金投入已由 2000 年的约 600 亿元增加至 2010 年的 2707.6 亿元。2011 年中央 1 号文件发布后，水利投入更是进一步加大，2012 年水利资金投入甚至高达近 4303 亿元。另一方面，工业化的发展也可为农业现代化在科学技术上提供支撑，为农业节水、高效用水提供便利条件。根据相关学者估算，1980~2007 年我国水利科技进步对水利建设的产出效益的平均贡献率为 42.72%，并且随着时间的变化，其贡献率逐年递增。科技对水利贡献率的逐步提升，充分显示了科技创新对农田水利行业发展的支撑作用，包括：①种质改良，培育耗水少的优良品种，适度引导农民种植抗旱作物；②推广滴灌、喷灌等先进节水灌溉技术；③加强农田水资源的优化配置和科学调度。因此，城镇化与工业化的发展，为保障农业用水提供了更多的资金支持和科技支撑。

不利的方面主要在于随着我国城镇化和工业化快速发展，给支撑其发展的资源供给提出了更高的要求，特别是水资源的有效供给，是发展新型城镇化、工业化的重要支撑。由于水资源总量有限，城市和工业的飞速发展，各行业之间竞争性用水越来越强烈。因为农业是弱势产业，比较效益较低，在水资源短缺的地区，为了追求经济效益，常常将农业用水转移给经济效益较高的城市和工业使用。农业用水在越来越激烈的行业用水竞争中处于不利的局面。

如何在城镇化、工业化发展的关键时期，把握历史潮流，用好国家政策，利用好城镇化和工业化发展的成果，在全面建设生态文明的总体框架下，保障农业用水安全，促进“三化”协调发展，是当前农村水利发展面临的重大课题。

第二章　城镇化、工业化与农业用水变化的关系分析

本章根据 1997~2012 年统计资料，分析了 16 年间全国和分区域用水演变趋势，采用数学回归分析方法，对全国和各区域的城镇化和工业化进程与农业用水之间的关系进行定量解析和识别；预测了未来农业用水的变化趋势，为分析农业用水变化原因及对策提供支撑。

第一节　区域划分及分区特点

一、研究区域划分

我国自然条件明显的地带特点，造成水土资源分布极不均匀，同时，区域经济发展也极不均衡，社会经济发展水平存在着巨大的地区差异，使得区域水土资源的综合开发利用在区域上表现出不同的形式。本研究重点针对粮食主产区，参考《国家农业节水纲要（2012—2020 年)》，考虑粮食主产区分布、水资源条件、水土资源平衡状况、经济社会发展程度等因素，将全国划分为四个区域，分别是黄淮海地区、西北地区、东北地区和南方地区，各区域包含的粮食主产区如图 2-1 和表 2-1 所示。

本研究将在四个区域中选取典型省（区、市）来进行研究。其中在黄淮海地区选择了北京和河北，主要考虑北京属于城镇化和工业化高度发达的地区，河北属于华北地区的粮食大省。在西北地区选择了宁夏，主要考虑宁夏沿黄灌区属于西北地区的重要农灌区。在东北地区选择了吉林，主要考虑吉林是东北地区的重要粮仓。南方地区选择了江苏、江西和四川，主要考虑这三省都是粮食生产大省，但是城镇化和工业化发展程度又有所差异。

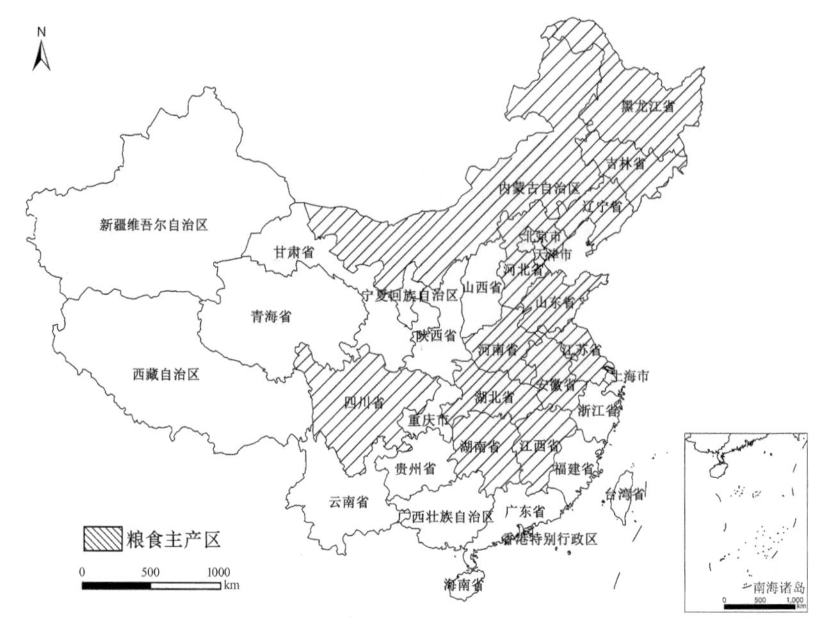

图 2-1　我国粮食主产区分布及研究分区

表 2-1　全国研究区域划分

分区	省份	包含的粮食主产区
黄淮海地区	北京、天津、河北、山东、河南、山西	河北、河南、山东
西北地区	陕西、甘肃、青海、宁夏、新疆、内蒙古	内蒙古
东北地区	辽宁、吉林、黑龙江	辽宁、吉林、黑龙江
南方地区	四川、云南、重庆、贵州、湖北、湖南、江西、上海、浙江、福建、广东、广西、海南、安徽、江苏	四川、湖北、湖南、江苏、江西、安徽

二、分区特点

（一）黄淮海地区

黄淮海地区多年平均降水量 400～650mm，年际、年内变化大，水资源总体极为短缺，水资源总量约 2000 亿 m^3，人均占有水资源量 355m^3，为全国平均水平的 19%。该地区地势平坦，耕地资源丰富，面积 3.2 亿亩，占全国的 21%，粮食播种面积 3.7 亿亩，粮食产量占全国的 26%，是我国小麦、玉米和稻谷优势产区。在国家2020年新增千亿斤粮食生产能力规划中，黄淮海地区约承担了近1/3的增产任务。地区经济社会发展水平相对较为发达，总人口4.4亿，占全国人口的35%，GDP占全国的31%，是我国重要的经济发展区。城镇化率目前为53.5%，略高于全国平均水平。

（二）西北地区

西北地区多年平均降水量约300mm，水资源总量1979亿~2300亿m^3，人均水资源量2260m^3，该地区可利用水资源贫乏，生态环境极其脆弱。西北地区现有耕地面积1.8亿亩，耕地面积占全国的12%，由于干旱缺水、蒸发强烈，农业发展几乎全依赖于灌溉，灌溉在农业生产中起到命脉的作用。西北地区粮食播种面积0.12亿亩，生产的粮食不足全国1%，以小麦、玉米和棉花为主。地区经济总体上比较落后，总人口0.8亿，占全国人口的7%。2012年城镇化率为44.93%，低于全国平均水平。

（三）东北地区

东北地区降水量260~1000mm，水资源量相对较丰富，多年平均水资源总量为1987亿m^3，人均水资源量为1672m^3，占全国平均水平的70%。东北地区土地资源丰富，土壤肥沃，历来是我国粮食生产基地，是我国最大的玉米、优质粳稻和大豆产区。耕地面积3.4亿亩，但土地利用率较低，仅为0.55。粮食播种面积2.6亿亩，总产量870亿kg，占全国的17.6%。国家新增千亿斤粮食生产能力的规划中，东北地区承担着增产任务的近30%。同时，东北地区是我国老牌重工业基地，东北地区城镇化和工业化水平相对较高。地区人口1.09亿，占全国人口的8.2%，城镇化率为56.9%，高于全国平均水平。

（四）南方地区

南方地区降水量比较丰富，年降水量800~2000mm，水资源占全国总量的80.4%，人均水资源量3481m^3，但年内分布很不均匀。南方地区农业发达，耕地以水田为主，耕作制度一般是一年两熟到三熟，粮食作物以水稻为主，还有小麦、油菜、棉花、甘蔗等。粮食播种面积7.15亿亩，占全国的45.11%。南方地区的城镇化和工业化程度部分地区发展水平相对较高，但地区发展不均衡。例如，长江三角洲城市群和珠江三角洲城市群是我国大陆经济最发达的地区，但一些不发达省份如贵州、云南、江西等，城镇化率仍然低于全国水平。

第二节　农业用水变化分析

一、全国农业用水变化情况

根据 1997～2012 年《中国水资源公报》统计数据，总体来看，16 年间农业用水总量呈微弱减少势态，如图 2-2 所示。1997 年农业用水为 3919.7 亿 m^3，2003 年的减少幅度较大，全国农业用水量降低到 3432.8 亿 m^3，为近 16 年来的最低值。2003 年虽然总降水量与往年相比变化不大，但是年内分布对农业极为不利，北方大部和西南、华南部分地区发生春旱，江南和华南发生严重伏旱，因此农业用水整体偏少。从 2003 年以后我国的农业用水量又呈现出小幅增加的态势，2012 年达到 3902.5 亿 m^3。

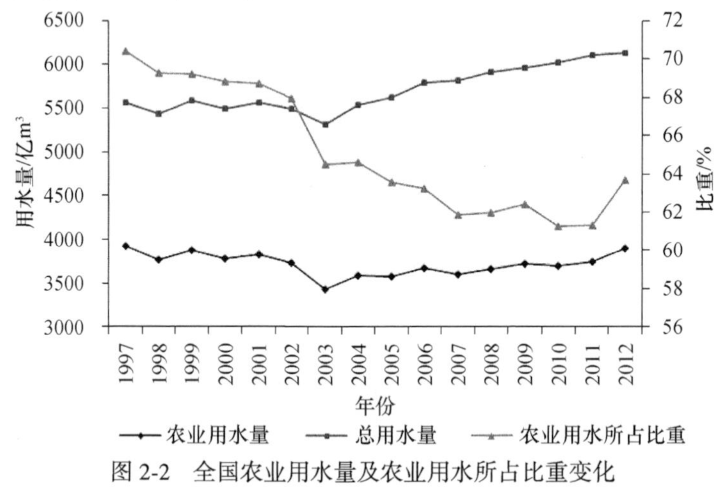

图 2-2　全国农业用水量及农业用水所占比重变化

1997～2012 年全国总用水量呈先平稳变化后逐步增加的趋势，在 1997～2003 年期间全国总用水量基本在 5400 亿～5600 亿 m^3 波动，2003 年之后全国总用水量几乎呈直线增长态势，且增长幅度大于同期农业用水量的增长，至 2012 年总用水量已达到 6131.2 亿 m^3。而农业用水占总用水量的比重从 1997 年以来呈下降趋势，由 1997 年的 70.42% 逐步降低至 2012 年的 63.55%。

二、区域农业用水变化情况

（一）农业用水量

各区域农业用水量如图 2-3 所示，分析可知我国北方地区的农业用水量整体是下降的，南方地区的农业用水量有微弱增加态势。北方地区中，黄淮海地区和西北地区的农业用水总量减幅较为明显，减幅由大到小分别是北京、宁夏、河北；东北地区的年农业用水量呈先减少后增加的趋势。南方地区中，四川的农业用水量变化不大，江苏和江西 2003 年后的涨幅较为明显。

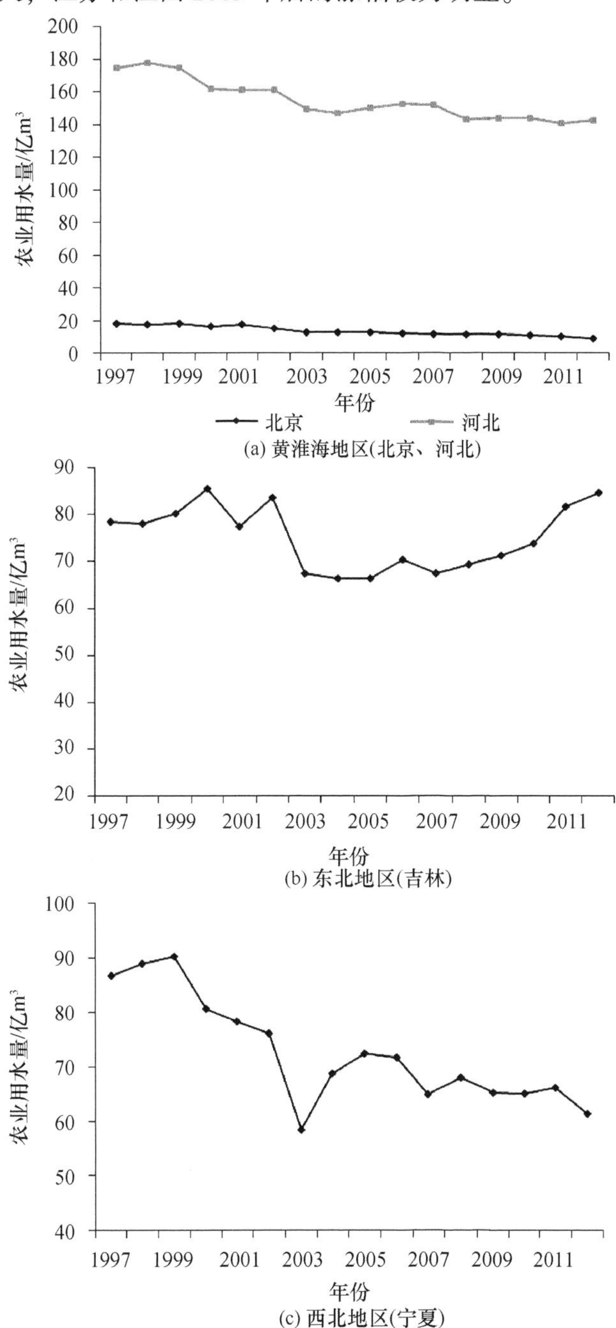

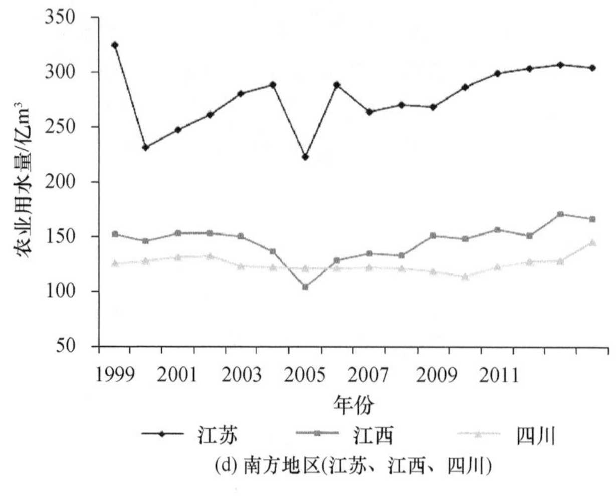

(d) 南方地区(江苏、江西、四川)

图 2-3 典型区域农业用水量变化

(二) 农业用水占总用水量的比重

1997~2012 年的区域农业用水比重变化情况如图 2-4 所示，分析可知各区域农业用水比重有不同程度的下降，由于非农业用水的不断增加，农业用水占总用水量的比重不断降低。其中，北京、吉林和江苏社会经济发展较快，农业用水比重下降比较明显；四川和宁夏的社会经济发展相对较慢，农业用水比重变化不大。

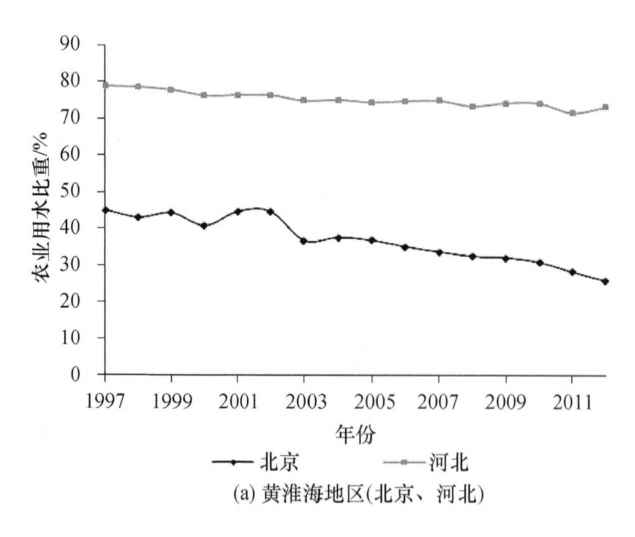

(a) 黄淮海地区(北京、河北)

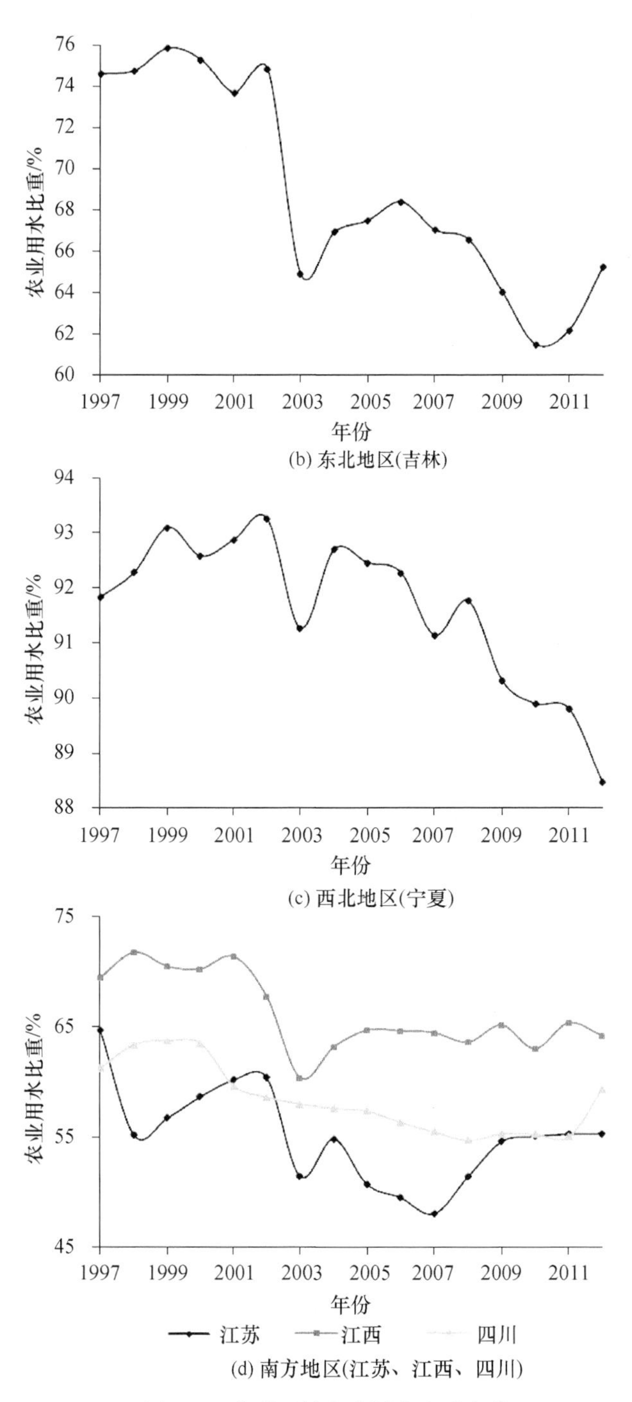

(b) 东北地区(吉林)

(c) 西北地区(宁夏)

(d) 南方地区(江苏、江西、四川)

图 2-4　典型区域农业用水比重变化

第三节 非农业用水变化分析

一、全国生活、工业和生态用水变化情况

根据《中国水资源公报》统计数据，分析 1997~2012 年我国生活、工业和生态用水变化情况，如图 2-5 所示。可以看出，16 年间生活用水总量和工业用水总量明显增加。1997~2002 年期间，工业用水变化比较平稳，增加幅度不大，平均用水量为 1137.8 亿 m^3，工业用水从 2003 年起迅速增加，2007 年高达 1403.0 亿 m^3，到 2008 年之后增幅变缓，2011 年达到历史最高，为 1461.8 亿 m^3。而 1997~2012 年期间，生活用水总量几乎严格地呈直线状逐年增加，到 2011 年达到历史最高，为 789.9 亿 m^3。生态用水量从 2003 年起才开始被《中国水资源公报》纳入统计，2008 年之前生态用水总量逐年增加，到 2008 年达到 120.2 亿 m^3 之后略有减少，2012 年生态用水量为 108.3 亿 m^3。

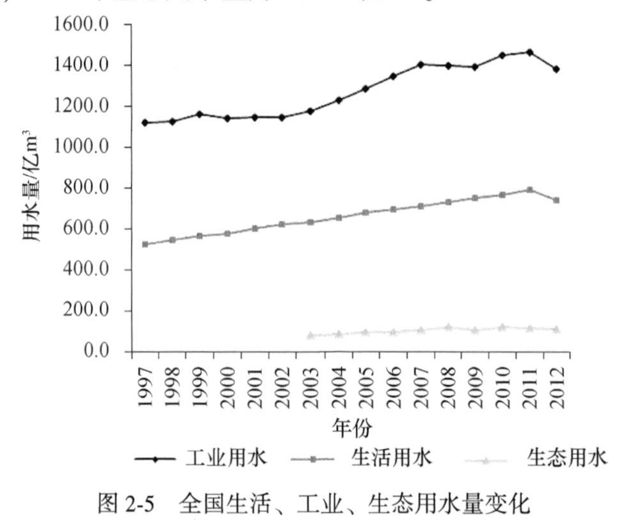

图 2-5 全国生活、工业、生态用水量变化

二、区域生活、工业和生态用水变化情况

（一）生活用水量

分析各个区域生活用水量的变化如图 2-6 所示，可知四个区域的生活用水量均呈增加态势，增长幅度（百分比）由大到小分别为江西、四川、吉林、北京、宁夏、河北和江苏，其中南方地区和东北地区的增幅相对显著，以江西为例，2011 年和 1997 年相比，江西的生活用水量增加了近 70%。

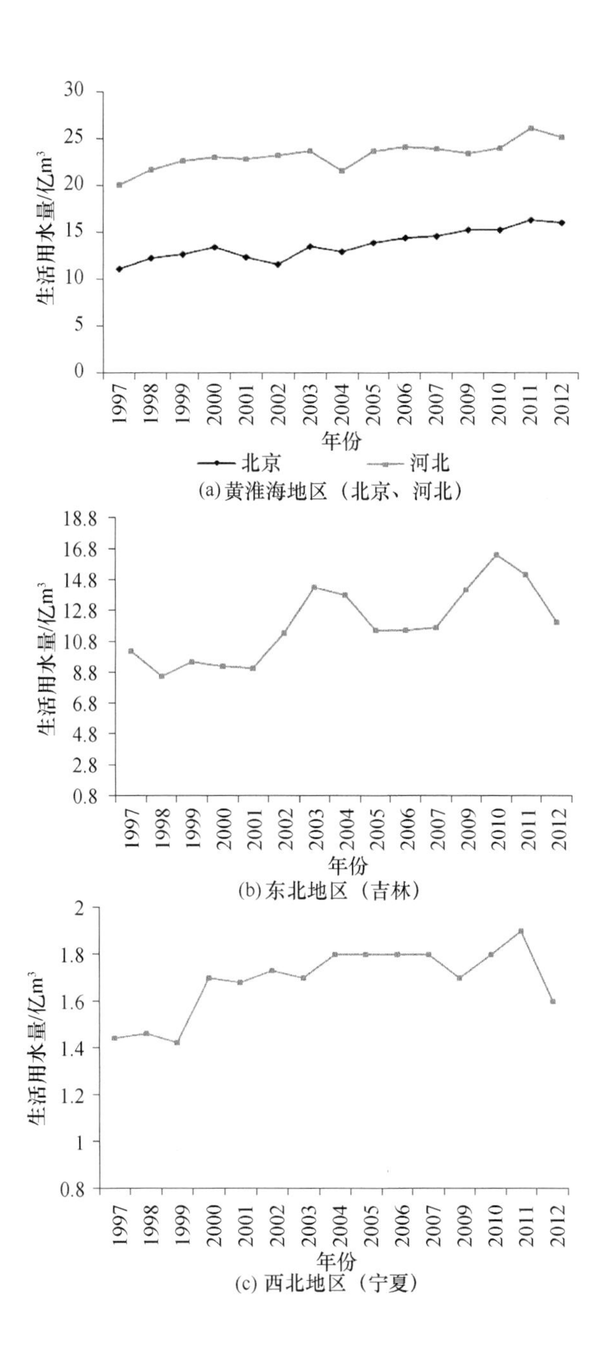

(a) 黄淮海地区（北京、河北）

(b) 东北地区（吉林）

(c) 西北地区（宁夏）

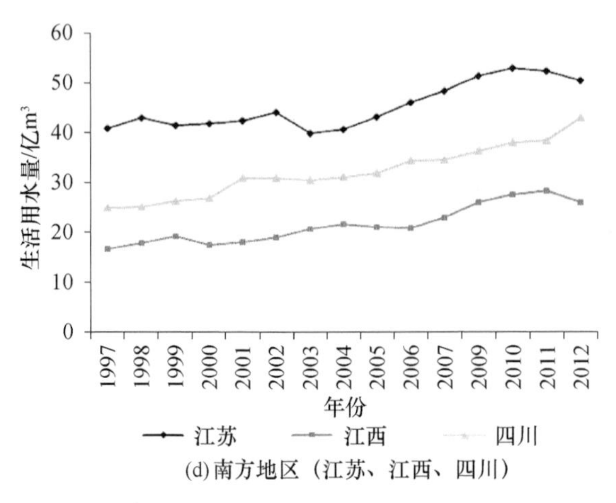

(d)南方地区（江苏、江西、四川）

图 2-6　典型区域生活用水量变化

（二）工业用水量

分析各典型地区工业用水量的变化，如图 2-7 所示。黄淮海地区两省份的工业用水量呈减少态势，主要由于近年来两省份工业用水效率大幅提高；南方地区和东北地区典型省份的工业用水量总体上呈增加态势，这与南方地区大力发展工业和东北地区老工业基地振兴计划实施有关，虽然这两个地区的工业用水定额近年来不断降低，但是工业经济增长程度仍然很高。江苏的工业用水量从 2008 年起开始逐年下降，而且幅度较大，这与江苏工业转型有关。西北地区的宁夏工业用水量呈先减少后增加的态势，这与近年来能源基地建设有关。

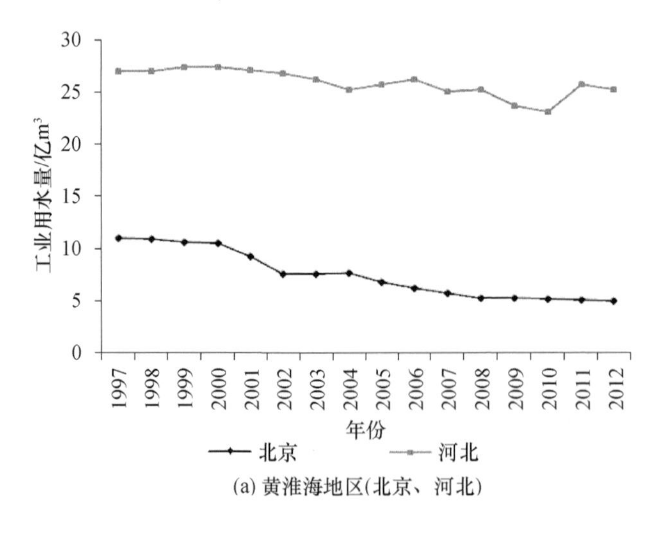

(a) 黄淮海地区(北京、河北)

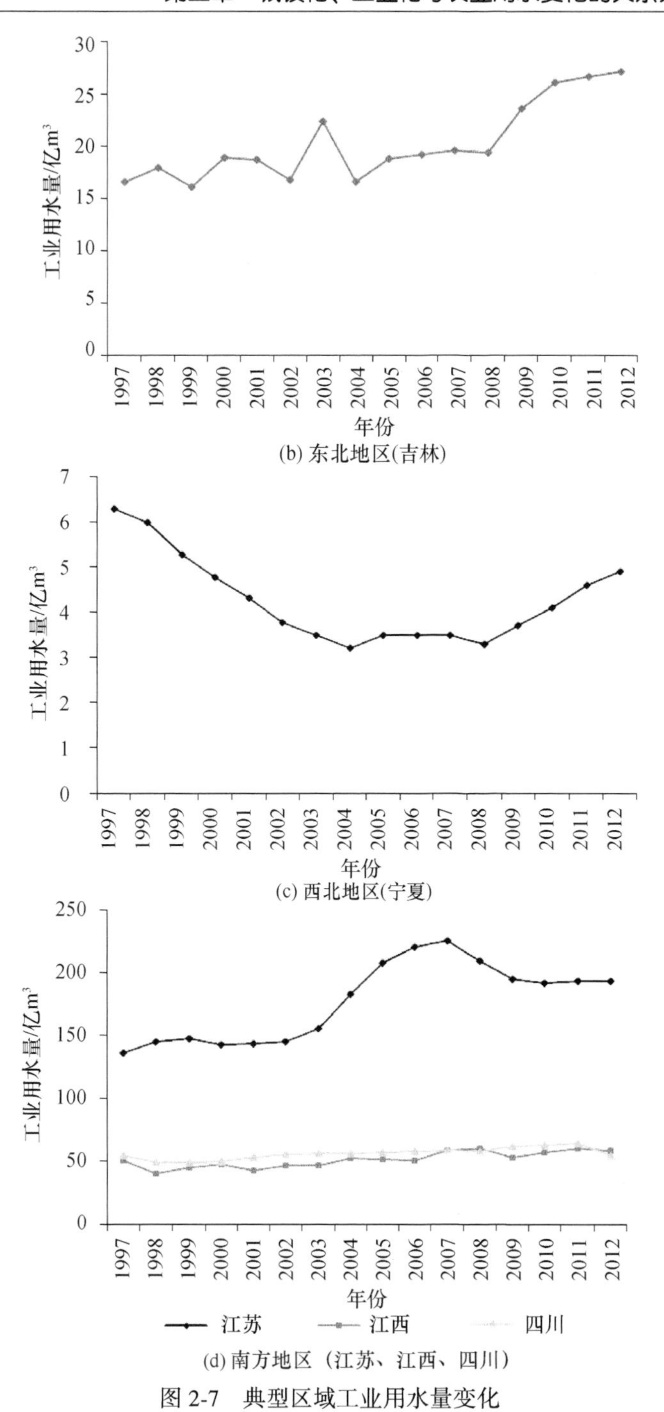

(b) 东北地区(吉林)

(c) 西北地区(宁夏)

(d) 南方地区（江苏、江西、四川）

图 2-7　典型区域工业用水量变化

（三）生态用水量

自 2003 年生态用水量纳入《中国水资源公报》统计以来，黄淮海地区、西北地区、东北地区等地区的生态用水量总体上呈现出迅速增长态势；南方地区的生态用水量波动较大，其中江苏 2003～2006 年生态用水量逐年降低，2007 年大幅增加至 16.2 亿 m^3 后又逐年降低，至 2009 年已降低至 3.2 亿 m^3；江西也是先增加后减少，四川总体变化比较平稳，如图 2-8 所示。

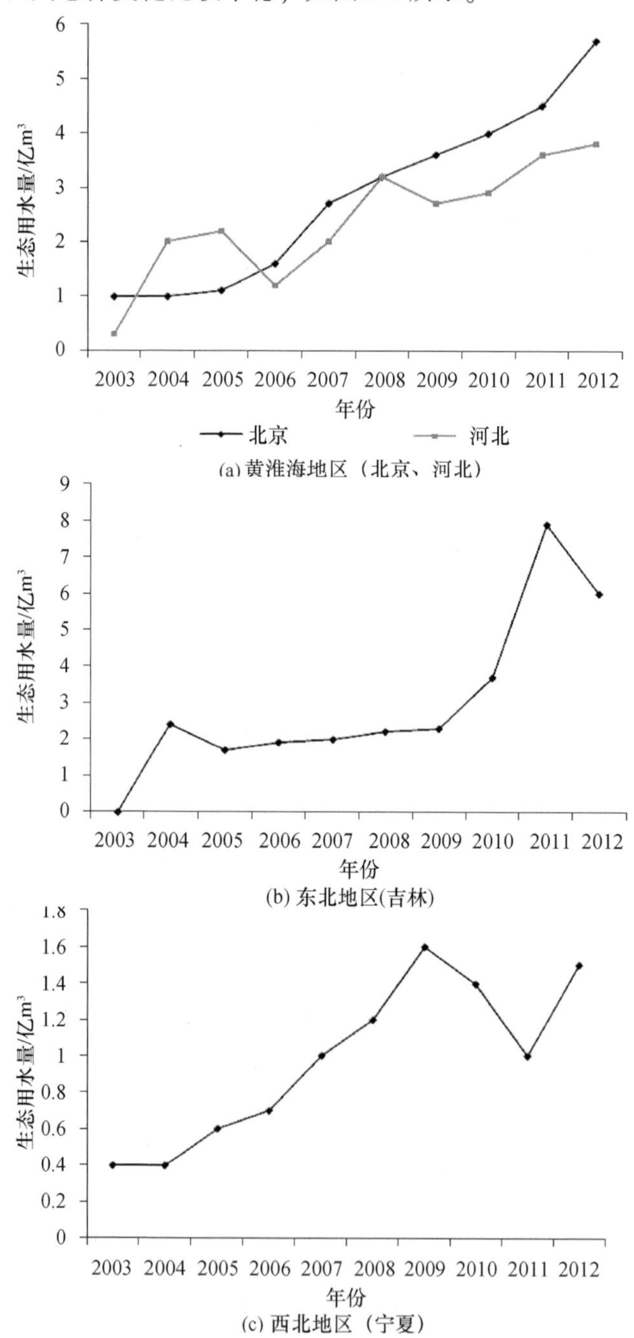

(a) 黄淮海地区（北京、河北）

(b) 东北地区(吉林)

(c) 西北地区（宁夏）

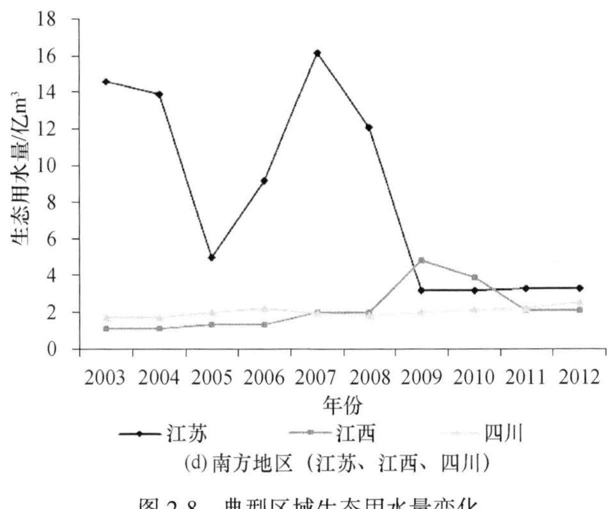

(d)南方地区（江苏、江西、四川）

图 2-8　典型区域生态用水量变化

第四节　城镇化、工业化进程与农业用水的量化关系解析

在本研究中，选择城镇化率来反映城镇化的发展程度。虽然工业化率和第二、第三产业增加值之和占 GDP 比重都可以用来反映工业化的发展水平，但在我国经济发达地区，工业化发展逐渐进入后工业化阶段，单纯地用工业化率并不能很好地反映地区经济发展的状况，而二、三产业增加值与城市和工业用水的关系更加紧密。因此，本研究选取二、三产业增加值占 GDP 比重反映工业化的发展程度。下面主要分析城镇化率和二、三产业增加值占 GDP 比重这两个指标与农业用水量和农业用水占用水量的比重之间的关系。

一、全国层面量化解析

（一）全国城镇化和工业化进程分析

我国 1952 年以来的城镇化率变化如图 2-9 所示，近 60 年来随着我国社会经济的发展，我国的城镇化率基本一直处于上升态势，我国的城镇化率已由 1952 年的 12.5%迅速提高至 2012 年的 52.6%，平均每年提高近 1 个百分点。

图 2-9 1952~2012 年我国城镇化率的变化

我国 1952 年以来工业化率不断攀升，如图 2-10 所示。20 世纪 60 年代工业化率波动较大，随后逐步增长至平稳，2012 年达到 40. 0%，并在 1997 年工业化率曾一度高达 42. 2%，目前我国基本处于半工业化国家的水平。

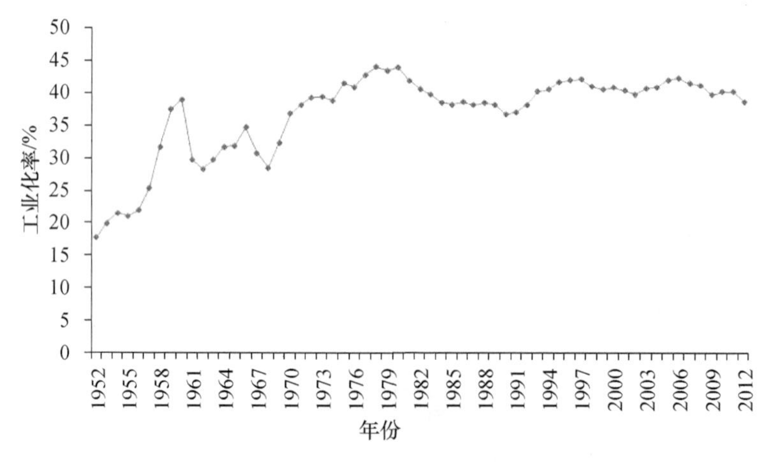

图 2-10 1952~2012 年我国工业化率的变化

1952 年以来我国二、三产业增加值占 GDP 比重的变化如图 2-11 所示。总体来说呈上升的趋势，由 1952 年的 49. 5% 上升至 2012 年的 90. 0%，这反映了我国由传统的农耕社会向现代工业社会转变的过程。

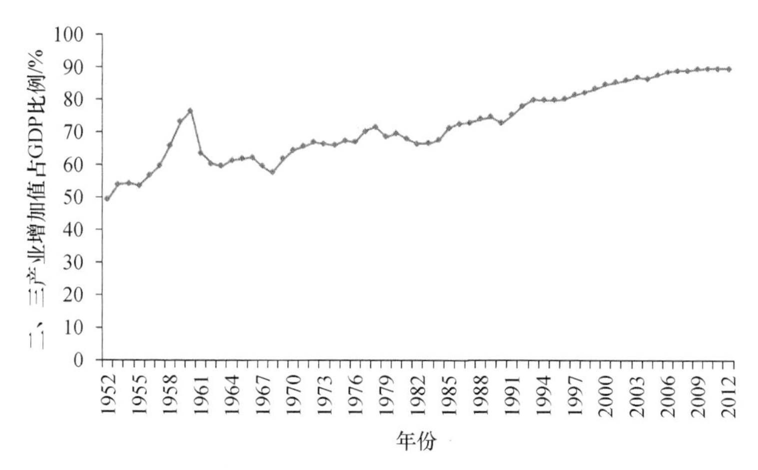

图 2-11　1952~2012 年我国二、三产业增加值占 GDP 比重的变化

（二）城镇化率与农业用水的关系

1997 年以来农业用水量与城镇化率之间的关系如图 2-12 所示，分析发现两者呈弱负相关性，相关系数 R 为-0.51，这在一定程度上反映了伴随城镇化的进程，农业用水量在减少。根据拟合的相关关系分析得出，近年来，城镇化水平每提高 1%，农业用水量减少约 9 亿 m^3。

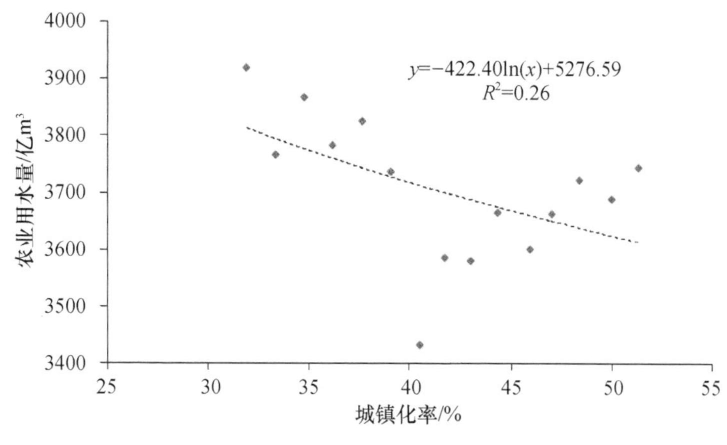

图 2-12　城镇化率与农业用水量的关系

另外，农业用水占总用水量的比重和城镇化率的关系如图 2-13 所示，分析发现两者表现出显著的负相关性，相关系数 R 为-0.97，表明农业用水所占总用水量的比重与城镇化率相关性十分紧密。伴随城镇化率的提高，农业用水占总用水量比重在降低。近年来，城镇化水平每提高 1%，农业用水占总用水量比重减

少约 0.5%。

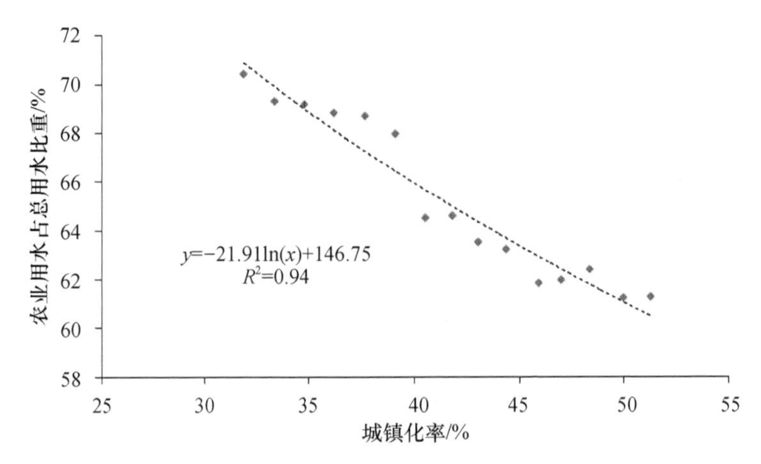

图 2-13 城镇化率与农业用水占总用水量的比重的关系

(三) 二、三产业增加值占 GDP 比重与农业用水的关系

农业用水量与二、三产业增加值占 GDP 比重的关系如图 2-14 所示，两者显示出负相关性，采用对数函数拟合，相关系数 R 为−0.59。根据拟合的相关关系分析得出，二、三产业增加值占 GDP 的比重每提高 1%，农业用水量减少约 26 亿 m^3。

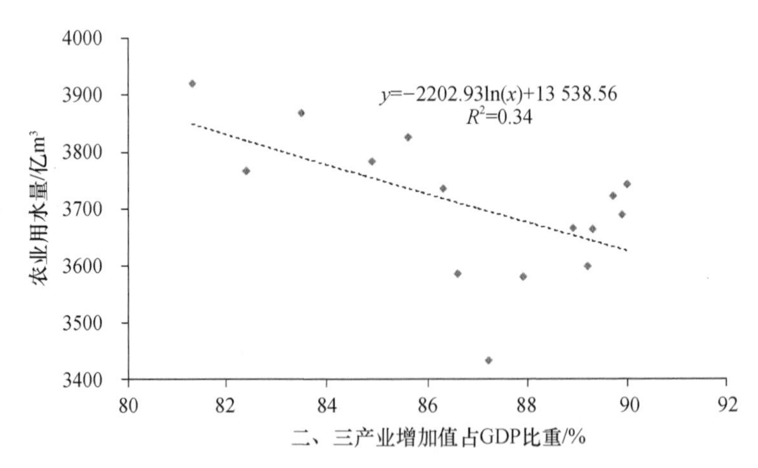

图 2-14 全国二、三产业增加值占 GDP 比重与农业用水量的关系

二、三产业增加值占 GDP 比重与农业用水占总用水量的比重之间的关系如图 2-15 所示，两者之间的负相关性良好，相关系数 R 为−0.95，说明二、三产业

增加值占 GDP 的比重随着农业用水占总用水比重的增加而逐渐减少。二、三产业增加值占 GDP 的比重每提高 1%，农业用水占总用水量比重减少约 1.2%。

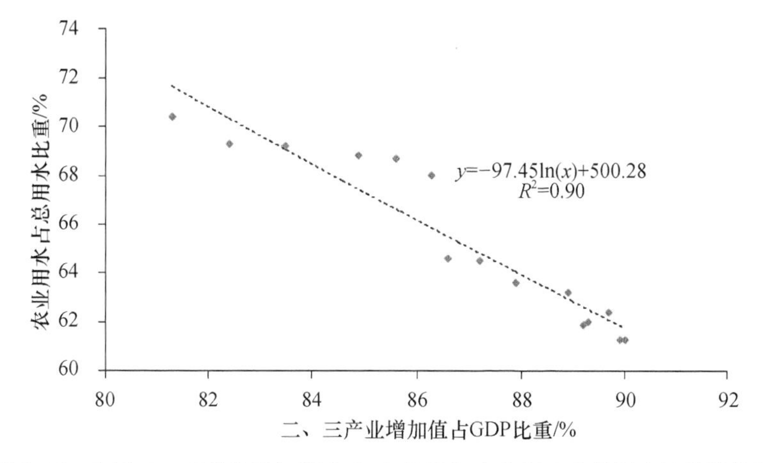

图 2-15　全国二、三产业增加值占 GDP 比重与农业用水占总用水比重的关系

二、区域层面量化解析

(一) 区域城镇化、工业化发展进程

根据 1997~2012 年的统计年鉴数据，各地的城镇化率均呈上升趋势。在选取的 7 个典型地区中北京的城镇化率最高，2012 年达到了 86.2%，16 年期间发展速度相对缓慢；四川的城镇化率相对较低，16 年期间呈平稳上升趋势，2012 年的城镇化率达到了 43.5%。各地区城镇化率发展过程如图 2-16 所示。

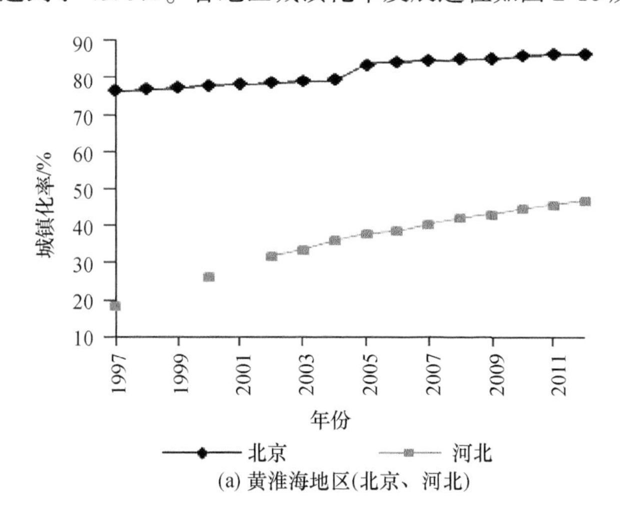

(a) 黄淮海地区(北京、河北)

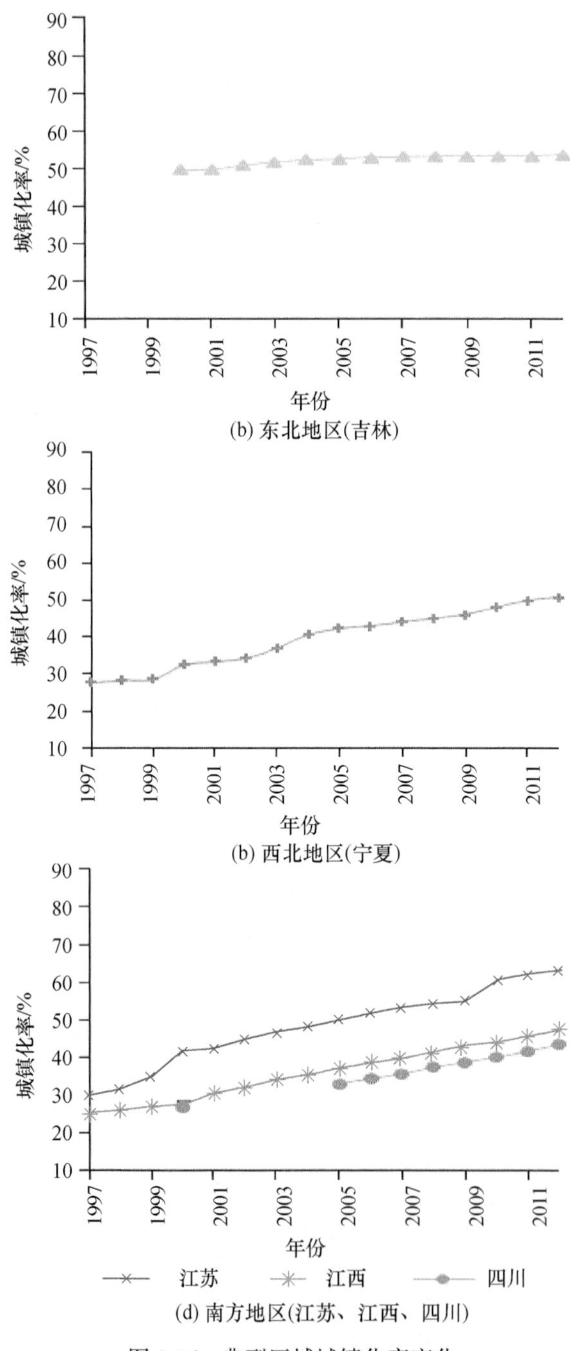

(b) 东北地区(吉林)

(b) 西北地区(宁夏)

(d) 南方地区(江苏、江西、四川)

图 2-16　典型区域城镇化率变化

7 个典型地区工业化发展差异性较大，根据统计数据绘制的工业化率发展过程如图 2-17 所示。总的来说，当经济发展处于程度较低的阶段，工业化率呈上升趋势，经济发展到较高的程度，工业化率呈下降趋势。北京的工业化率呈明显的下降趋势，由 1997 年的 32. 5% 下降到 2012 年的 18. 4%；江苏的工业化率相对较高，但 2006 年后开始呈下降趋势；河北工业化发展仅次于江苏，16 年间呈平稳上升趋势，2012 年工业化率达到了 47. 1%，在 7 个典型地区最高。

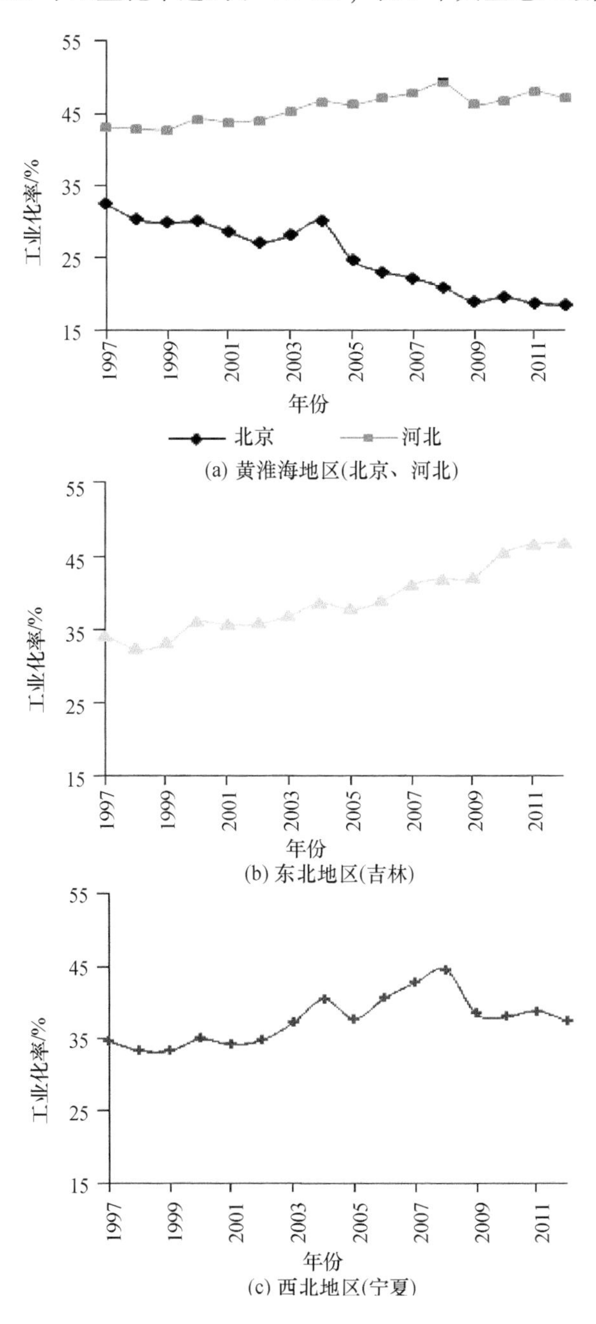

(a) 黄淮海地区(北京、河北)

(b) 东北地区(吉林)

(c) 西北地区(宁夏)

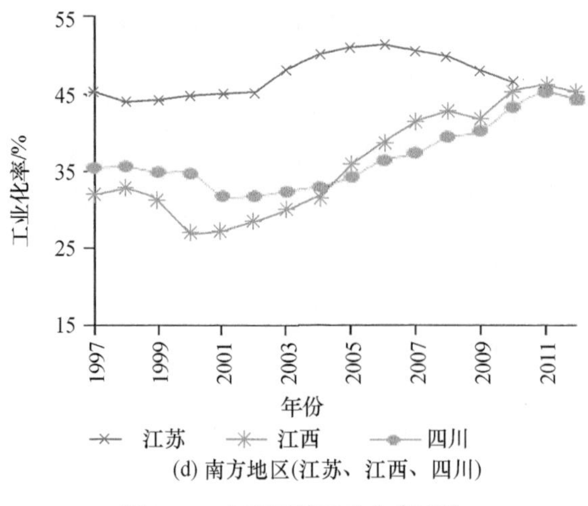

(d) 南方地区(江苏、江西、四川)

图 2-17　典型区域工业化率变化

随着城镇化、工业化进程的推进，经济结构向二、三产业转移，各地区第一产业增加值占地区 GDP 的比重下降，二、三产业增加值占 GDP 的比重明显上升，变化过程如图 2-18 所示。北京二、三产业增加值占 GDP 的比重一直处于较高的水平，2012 年已达到 99. 2%；江苏经济发展迅速，仅次于北京，2012 年二、三产业增加值占 GDP 的比重达到了 93. 7%；河北、宁夏、吉林和江西的发展速度较快，2012 年二、三产业增加值占 GDP 的比重在 90% 左右；四川二、三产业增加值占 GDP 的比重相对较低，16 年间呈波动上升趋势，2012 年已达到 86. 2%。

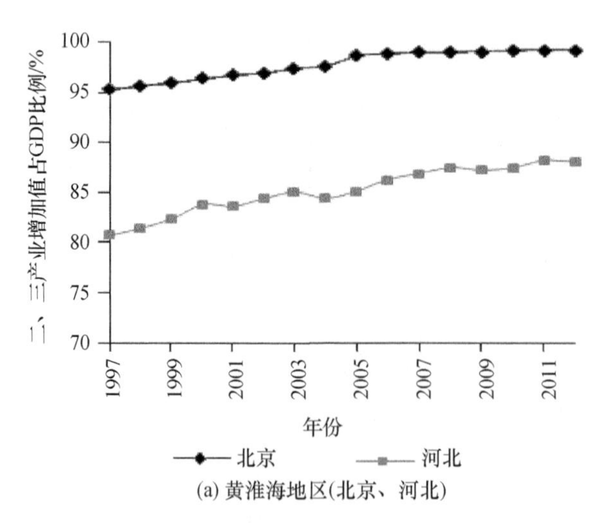

(a) 黄淮海地区(北京、河北)

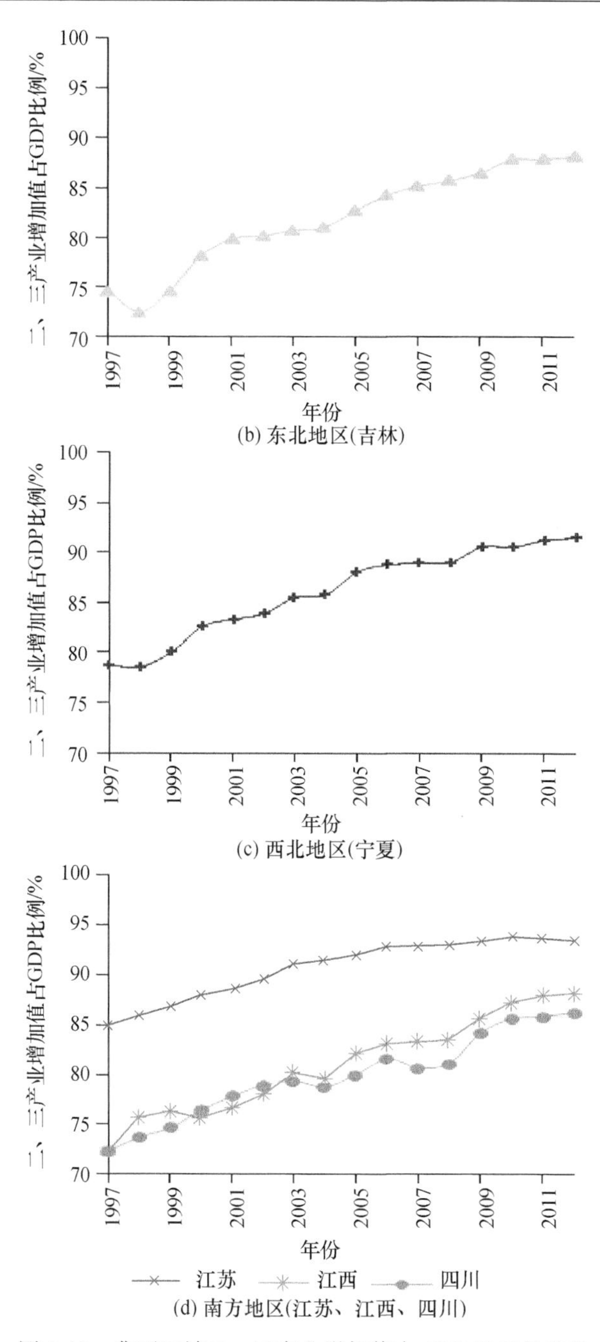

图 2-18　典型区域二、三产业增加值占 GDP 比重的变化

（二）城镇化率与农业用水的关系

利用 1997~2012 年的统计数据分析各地区农业用水量和城镇化率的相关关系如图 2-19 和表 2-2 所示。北京和河北的农业用水量与城镇化率的相关系数分别为-0.93 和-0.95，根据 16 年间的数据回归分析计算，北京和河北城镇化率每提高 1%，农业用水量相应减少约 0.75 亿 m^3 和 1.20 亿 m^3。宁夏的相关系数为-0.87，城镇化率每提高 1%，农业用水量减少约 1.20 亿 m^3。吉林的相关系数为-0.36，城镇化率每提高 1%，农业用水量减少约 1.96 亿 m^3。江苏、江西和四川的农业用水量与城镇化率呈弱的正相关，相关系数分别为 0.34、0.17 和 0.22，城镇化率每提高 1%，农业用水量相应增加约 1.10 亿 m^3、0.35 亿 m^3 和 0.48 亿 m^3。

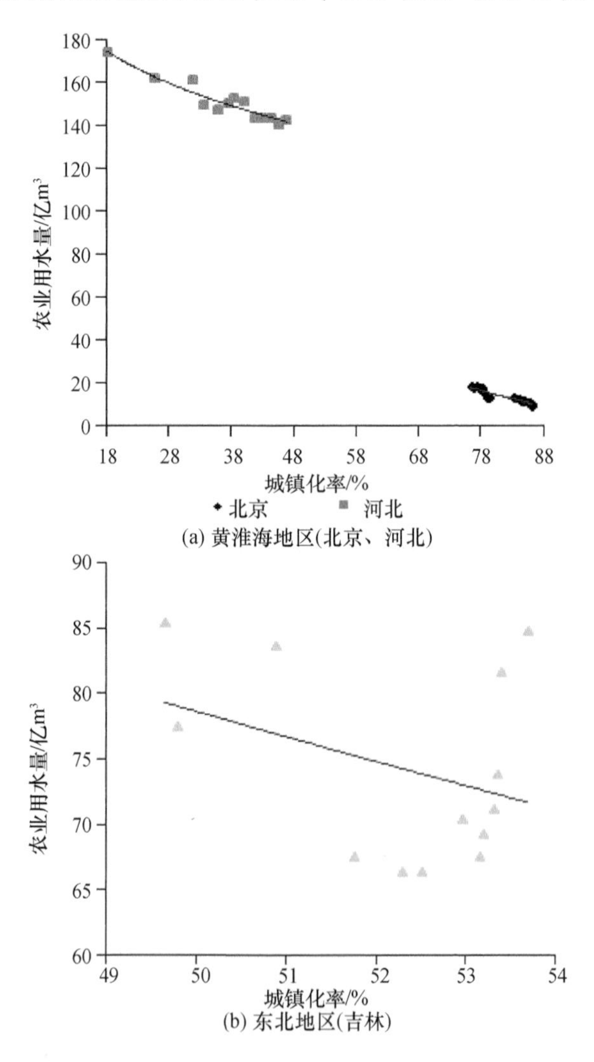

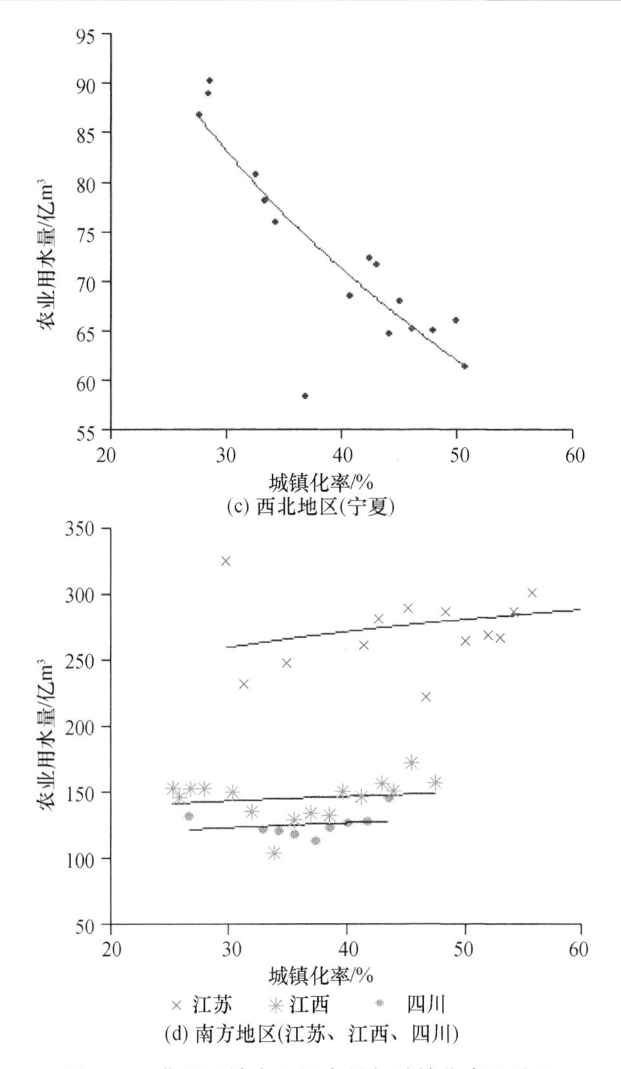

图 2-19　典型区域农业用水量与城镇化率的关系

表 2-2　典型区域农业用水量与城镇化率的相关关系

项目	北京	河北	吉林	江苏	江西	四川	宁夏
相关系数 R	-0.93	-0.95	-0.36	0.34	0.17	0.22	-0.87
农业用水量变化率*/亿 m³	-0.75	-1.20	-1.96	1.10	0.35	0.48	-1.20

*表示城镇化率每增加 1%，农业用水的变化量。

可以看出农业用水量与城镇化发展的相关关系受区域水资源条件影响显著。北京、河北和宁夏三个省（市、自治区），水资源相对缺乏，城镇化和工业化发展提高了对工业、生活、生态用水的需求，加剧地区水资源供需矛盾，迫使农业用水向非农业用水转移，农业用水量与城镇化率的相关关系较好。吉林、江苏、江西和四川四省，水资源相对充沛，基本可以满足城镇化、工业化发展过程中生活、工业和生态用水需求，农业用水被挤占现象不突出，农业用水量没有稳定的变化规律，所以与城镇化率的相关关系较差。

分析 1997~2012 年各典型地区农业用水比重与城镇化率的相关关系如图2-20

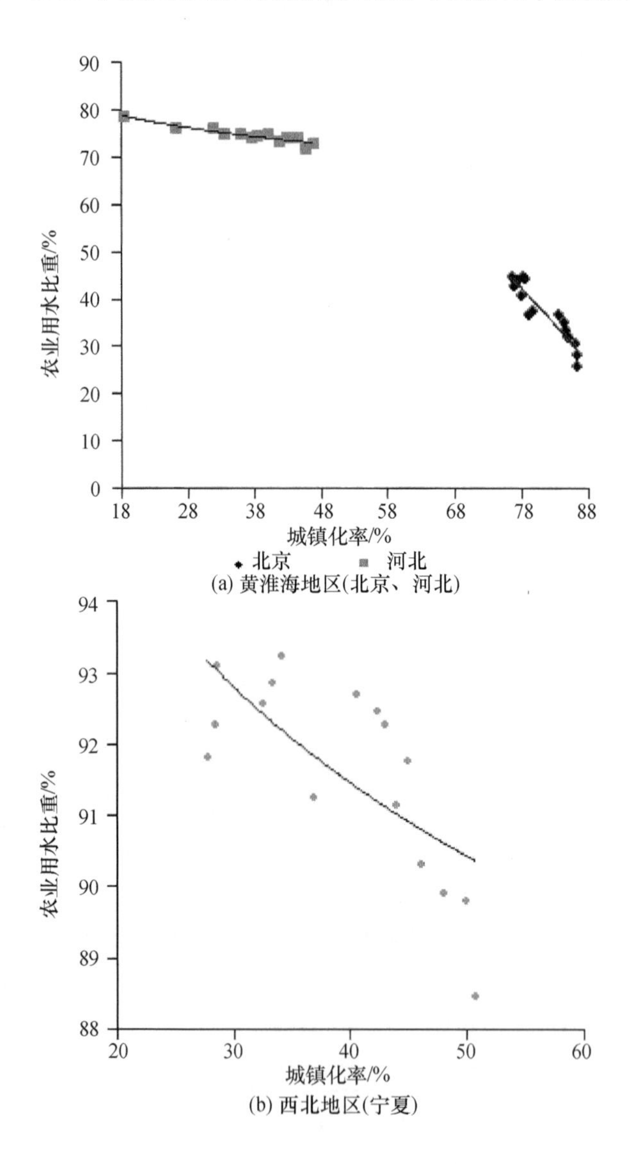

(a) 黄淮海地区(北京、河北)

(b) 西北地区(宁夏)

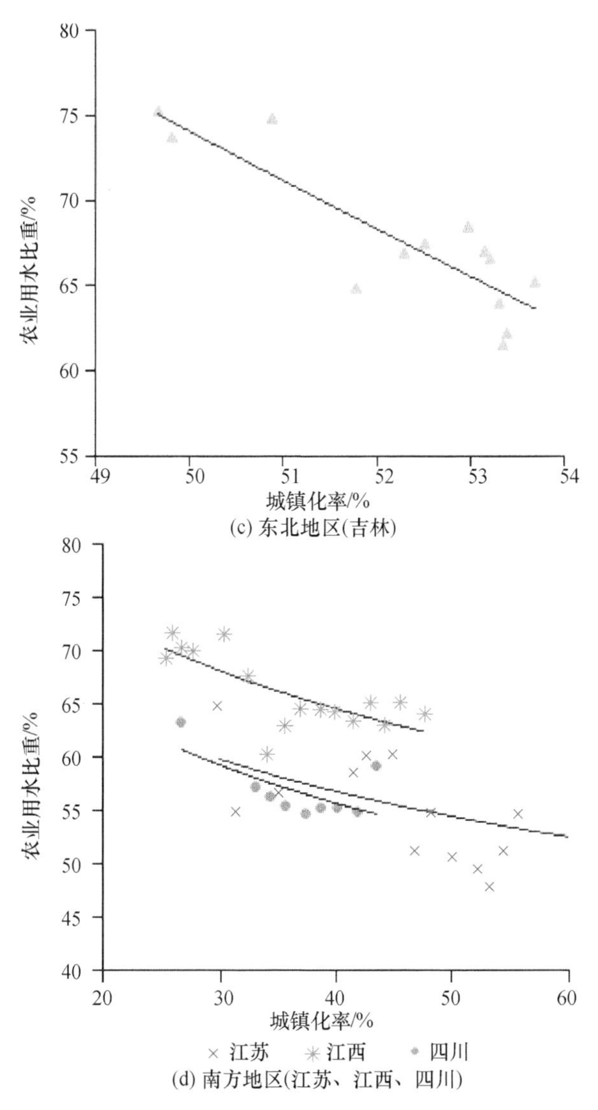

图 2-20　典型区域农业用水比重与城镇化率的关系

和表 2-3 所示。北京和河北农业用水比重与城镇化率的相关性较好，相关系数达到了-0.93 和-0.92，城镇化率每提高 1%，农业用水比重相应减少约 1.5% 和 0.3%。宁夏的农业用水比重与城镇化率的相关系数为-0.70，由于农业用水量占到了地区用水总量的 90% 左右，非农业用水在宁夏所占比重较小，城镇化发展对地区用水结构产生的影响相对较弱，城镇化率每提高 1%，农业用水比重减少 0.13%。吉林农业用水比重与城镇化率的相关系数为-0.87，城镇化率每提高 1%，农业用水比重减少 2.93%。江苏、江西和四川的相关系数分别为-0.55、-0.75和-0.64，城镇化率提高 1%，农业用水比重相应减少 0.28%、0.36%和 0.42%。随着城镇化发展，各地非农业用水量迅速增加，导致农业用水占用水总量的比重相对减少，各地农业用水比重有不同程度的下降，下降最明显的是北京和吉林。

表 2-3 典型区域农业用水比重与城镇化率的相关关系

项目	北京	河北	吉林	江苏	江西	四川	宁夏
相关系数 *R*	-0.93	-0.92	-0.87	-0.55	-0.75	-0.64	-0.70
农业用水比重变化率*/%	-1.51	-0.23	-2.93	-0.28	-0.36	-0.42	-0.13

* 表示城镇化率每增加 1%，农业用水比重的变化。

（三）二、三产业增加值占 GDP 的比重与农业用水的关系

受城镇化、工业化发展影响，我国大部分地区的经济结构中，第二产业和第三产业增加值占 GDP 的比重逐渐增加，第一产业增加值占 GDP 的比重逐渐下降；在部分发达地区，进入后工业化阶段，第一产业和第二产业增加值占 GDP 的比重逐渐降低，第三产业增加值占 GDP 的比重逐渐增加，经济结构由“二三一”转变为“三二一”。不论处于工业化的哪个阶段，第一产业增加值占 GDP 的比重随工业化发展均处于下降趋势，第二、第三产业的增加值总和占 GDP 的比重不断增加。

分析典型地区的农业用水量和农业用水比例与二、三产业增加值之和占 GDP 比重的相关关系如图 2-21 和表 2-4 所示。受水资源条件影响，北京和河北的农业用水量与二、三产业增加值之和占 GDP 的比重呈显著的相关关系，相关系数分别达到了-0.96 和-0.93，二、三产业增加值占 GDP 的比重每提高 1%，农业用水量分别减少约 2.10 亿 m^3 和 4.89 亿 m^3。宁夏的相关系数为-0.88，二、三产业增加值占 GDP 的比重每提高 1%，农业用水量减少 1.98 亿 m^3；吉林农业用水量与二、三产业增加值之和占 GDP 比重的相关关系相对较差，相关系数为-0.25，二、三产业增加值占 GDP 的比重每提高 1%，农业用水量减少 0.34 亿 m^3。江苏、江西和四川的农业用水量随工业化发展呈弱的增长趋势，与二、三产业增加值占 GDP 比重的相关系数分别是 0.27、0.21 和 0.12，二、三产业增加值占

GDP 的比重每提高 1%，农业用水量相应增加约 2.57 亿 m^3、0.66 亿 m^3 和 0.21 亿 m^3。

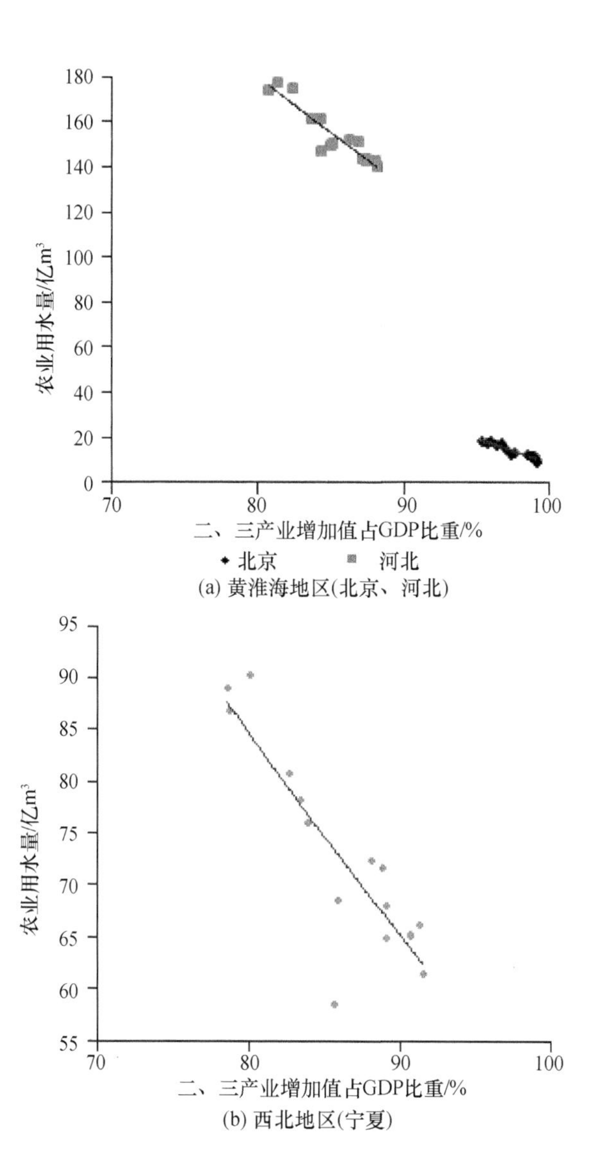

(a) 黄淮海地区(北京、河北)

(b) 西北地区(宁夏)

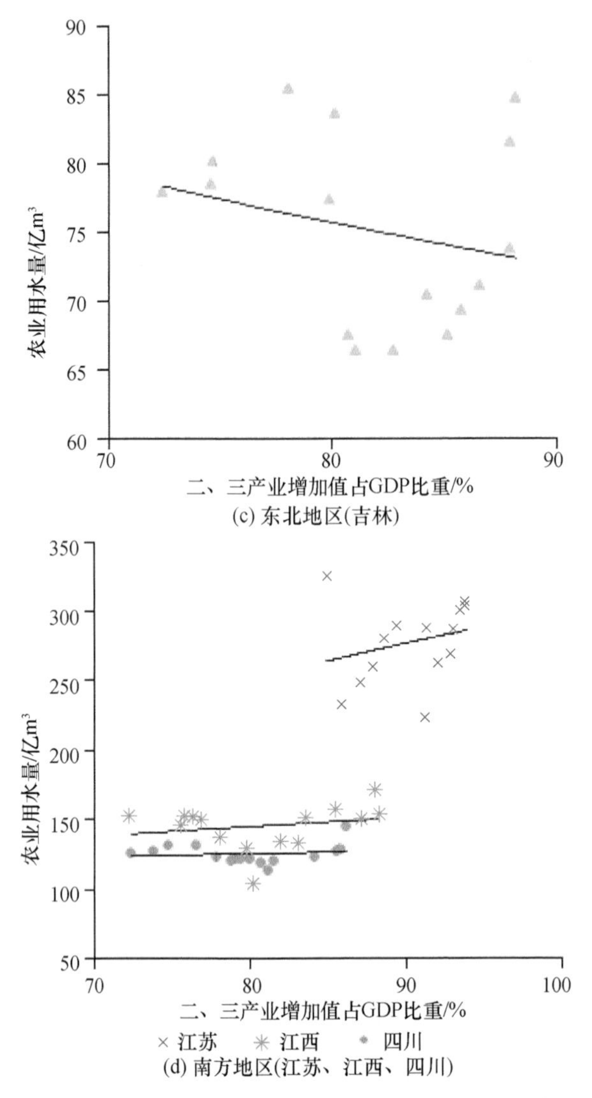

图 2-21　典型区域农业用水量与二、三产业比重的关系

表 2-4　典型区域农业用水量与二、三产业比重的相关关系

项目	北京	河北	吉林	江苏	江西	四川	宁夏
相关系数 R	-0.96	-0.93	-0.25	0.27	0.21	0.12	-0.88
农业用水量变化率*/亿 m³	-2.10	-4.89	-0.34	2.57	0.66	0.21	-1.98

*表示城镇化率每增加 1%，农业用水的变化量。

从农业用水占总用水量的比重来分析产业结构变化对农业用水的影响如图 2-22和表 2-5 所示。典型区的农业用水比重均与二、三产业增加值占 GDP 的比重呈较好的对数关系，随着二、三产业增加值在经济结构中的比重增长，农业用水量在地区总用水量中的比重随之下降。其中北京和河北农业用水比重与二、三产业增加值占 GDP 比重的相关性显著，相关系数分别为-0.91 和-0.95，二、三产业增加值占 GDP 比重每提高 1%，农业用水比重相应减少 4.05%和 0.78%。宁夏农业用水比重与二、三产业增加值占 GDP 比重的相关性较差，相关系数为-0.68，二、三产业增加值占 GDP 比重每提高 1%，农业用水比重相应减少 0.21%。吉林农业用水比重与二、三产业增加值占 GDP 比重的相关性较好，相关系数为-0.86，二、三产业增加值占 GDP 比重每提高 1%，农业用水比重相应减少 0.88%。江苏、江西和四川农业用水比重与二、三产业增加值占 GDP 比重的相关系数分别为-0.67、-0.70 和-0.78，二、三产业增加值占 GDP 比重每提高 1%，农业用水比重相应减少 1.00%、0.50%和 0.58%。

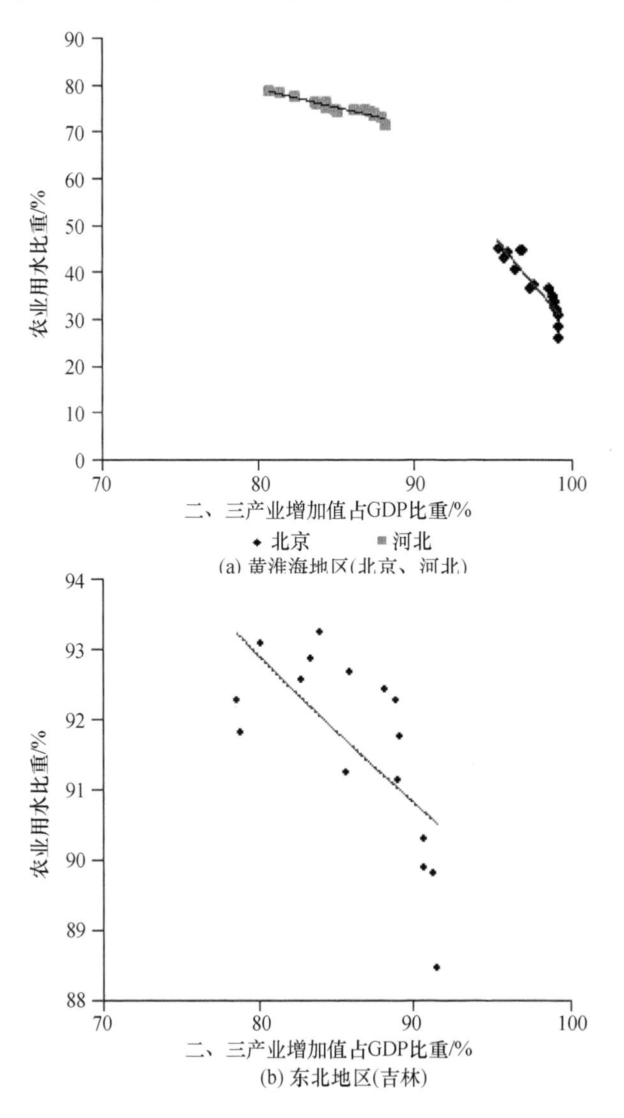

(a) 黄淮海地区(北京、河北)

(b) 东北地区(吉林)

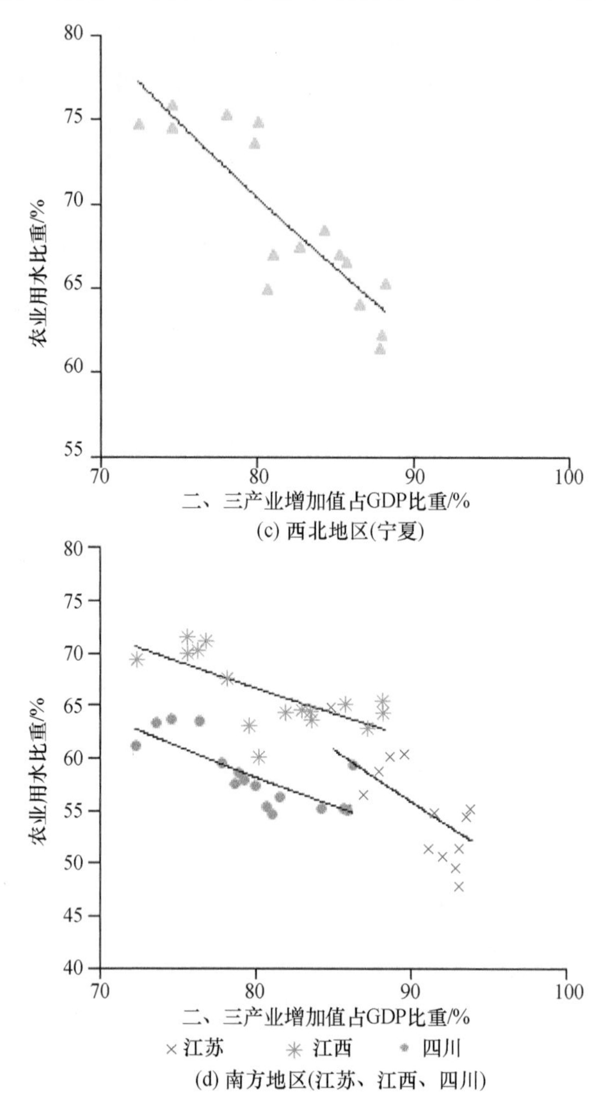

图 2-22　典型区域农业用水比例与二、三产业比重的关系

表 2-5　典型区域农业用水比重与二、三产业比重的相关关系

项目	北京	河北	吉林	江苏	江西	四川	宁夏
相关系数 R	-0.91	-0.95	-0.86	-0.67	-0.70	-0.78	-0.68
农业用水比重变化率* /%	-4.05	-0.78	-0.88	-1.00	-0.50	-0.58	-0.21

* 表示城镇化率每增加 1%，农业用水比重的变化。

三、城镇化、工业化与农业用水量关系简析

通过城镇化、工业化进程与农业用水的关系分析，总的来说，随着工业化和城镇化进程的加快，大部分地区的农业用水量总体呈下降趋势，农业用水占用水总量的比重也随之下降，由于各地区的资源禀赋和社会经济发展水平不同，农业用水随城镇化、工业化发展水平的变化规律各有差异。

黄淮海地区水资源总量不足，社会经济发展相对较快，农业用水量和农业用水比重随城镇化、工业化发展都有比较明显的下降趋势。西北地区水资源紧缺，农业用水量随城镇化、工业化进程的不断推进有明显的下降趋势；由于社会经济相对落后，农业用水占用水总量的比重大，农业用水比重随城镇化、工业化发展变化不显著，只有微弱的下降趋势。东北地区水资源相对较丰富，基本可以满足社会经济发展的用水需求，在城镇化、工业化发展过程中农业用水量变化不大；但是，由于非农业用水的迅速增加，使得农业用水比例快速下降。南方地区水资源丰富，农业用水量受城镇化、工业化发展的影响不大；但是，随着非农业用水的增加，农业用水占总用水量的比例下降趋势比较显著。

第五节　未来农业用水变化趋势预测

根据《国家新型城镇化规划（2014—2020年）》和国务院发展研究中心的研究，预计2020年我国城镇化率将达到60%左右，2030年将进一步达到66%左右。通过分析可知，城镇化率与农业用水比重的关系最为密切，因此根据城镇化率与农业用水比重的关系推算，2020年我国农业用水比重约为57%，2030年我国农业用水比重约55%。依据我国最严格水资源管理的水资源开发利用总量控制指标，2020年和2030年我国水资源开发利用总量控制在6700亿m^3和7000亿m^3，可推算出2020年和2030年的农业用水量分别为3819亿m^3和3850亿m^3。

参考国务院2011年批复的《全国水资源综合规划》（2010年），2020年和2030年我国农业需水量将分别达到4218亿m^3和4149.1亿m^3，通过供需平衡分析，2020年和2030年我国农业配水量将分别为4145亿m^3和4078亿m^3。而《全国水中长期供求规划》中，2020年我国农业用水量要达到3998亿m^3，2030年要达到3956亿m^3。因为《全国水资源综合规划》做需水预测时采用的经济社会发展速度偏快，导致农业用水需求偏大，而《全国水中长期供求规划》中对经济社会发展速度进行了合理修正，所以本研究中采用《全国水中长期供求规划》提出的农业用水预测结果作为参照。

依据本次研究，如果城镇化和工业化发展对农业用水挤占的趋势不改变，未来农业用水量可能比《全国水中长期供求规划》要求的水量偏低较多，其中2020年偏低179亿m^3，2030年偏低106亿m^3，可见未来农业用水保障的任务十分艰巨。

第三章　城镇化、工业化进程对农业用水的影响因素及挑战

城镇化和工业化进程对农业用水影响的原因极为复杂，随着我国新型城镇化与新型工业化进程的持续推进，未来农业用水的挑战将持续升级。本章基于大量文献查阅和实地调研，针对我国城镇化与工业化进程中农业用水的影响原因以及面临的主要挑战展开深入分析与研究。

第一节　城镇化、工业化对农业用水的影响因素分析

一、一产比重持续下降，二、三产比重上升

工业化发展导致农业用水或农业用水比重持续减少，产业结构调整是直接因素。为加快转变经济发展方式，推动产业结构调整和优化升级，完善和发展现代产业体系，我国的产业结构处于不断调整之中。新中国成立之初，我国是个典型的农业国，随着产业结构几次较大的调整，由“一五”时期的 44.0% ：26.1% ：29.9%，调整为“十一五”末期的 10.1% ：46.7% ：43.2% 。20 世纪 90 年代以来，我国产业结构调整的重点是加大对基础产业和基础设施的投入，加快第三产业发展步伐，提高产业结构水平。按照国家产业结构调整政策，第一产业比重持续下降，工业不断壮大，服务业在国民经济中的地位日益提高。第一产业比重由 1997 年的 18.3% 下降到 2012 年的 10.1% ，年均下降 0.54 个百分点。在产业政策直接干预和间接诱导下，部分农村劳动力和土地资源、水资源等要素不断流向第二、第三产业。随着从事农业生产的劳动力、资源等要素（包括农业灌溉用水）投入下降，农田灌溉需求随之降低，进而造成了农业用水量下降。

二、人口由农村向城镇快速转移

改革开放以来，城镇化快速发展导致我国农村人口持续减少，城镇人口快速增加。1997 年，我国城镇人口为 36 989 万人，农村人口为 86 637 万人，城镇人口占总人口比重为 29.9% 。2011 年年底，我国城镇人口为 69 079 万人，农村人

口为65 656万人，城镇人口占总人口比重达到51.3%，城镇人口首次超过农村人口。2012年，城镇人口占比继续上升至52.6%，相比于1997年，全国城镇人口净增量为34 193万人，而农村人口减少22 415万人，城镇人口占总人口比重增长22.7%，年均增长1.4个百分点。由于城镇居民生活用水定额远高于农村居民，城镇人口规模扩大导致城镇生活用水量大幅提升。同时，随着生活水平的不断提高，城镇生态环境用水需求也在大幅增长；这是城镇化过程中人口结构变化带来的直接效应。在水资源紧缺的区域，为了满足日益增长的城镇用水需求，部分农业水源开始转为城市供水，这是农业用水量减少的原因之一。

三、农业比较效益持续降低

首先，随着城镇化、工业化进程的推进，农业在国民经济各部门中的比较效益持续降低，影响各方面支持农业用水的积极性。由中国统计年鉴可推知，1997年我国单方水的工业收益为97.09元，到2012年达到144.93元，16年间增长了47.84元。而1997年单方水农业收益为3.69元，到2012年达到13.50元，16年间只增长了9.81元。从区域经济发展的角度考虑，单方水的工业收益要远远大于农业收益，地方政府部门更愿意将有限的水资源用于支撑工业发展。其次，水价的差异使得供水管理部门更愿意供水给城镇化和工业。以河北石家庄为例，2012年工业企业用水水价为5.33元，居民生活用水水价为3.63元，农业灌溉用水水价仅在0.163~0.249元。如果将水供给城镇生活和工业，可以获得更高的回报。再次，从农民自身利益的角度考虑，单纯粮食生产获得的收入很低，而务工的收入要远远高于粮食生产收入，根据资料统计，2012年全国农村居民人均收入为7917元，而外出农民工人均收入为27 480元，差距很大，这就促使很多农民进城务工，降低了农业用水的自身需求。最后，比较效益也在种植结构调整方面发挥着作用。一般而言，耐旱作物灌溉水量少，种植成本低，由于经济导向的作用，农民更倾向于用耐旱作物来替代高耗水作物，以减少水费和人工投入，降低种植成本，这势必也会减少农业用水量。

四、农田水利资金投入相对不足

资金投入对农田水利基础设施建设具有决定性作用，是农业用水保障中不可忽视的重要环节。缓解农田灌溉的工程性缺水困境，改善农业灌溉保证率和效率不高的现状，都有待加大在农田水利基础设施建设方面的投入。随着城镇化和工业化等社会经济的发展带来固定资产总投入额的增加，水利资金投入也相应加大。近年来，我国农田水利基本建设完成投资由1997年的422亿增加至2012年的1925.8亿元。1998~2010年，国家累计安排资金492.6亿元用于大型灌区骨干工程续建配套与节水改造项目建设；2005~2010年，国家开展小农水重点县建设，工程总投资为473亿元；“十一五”后两年，节水灌溉投入加大，年均达121.6亿元。然而，1997～2012年，我国GDP从78 973.0亿元增加到518 942.1亿元，远大于同期农田水利基本建设投资的增长幅度，2012年我国农田水利投资占GDP比重仅为0.3%。另外，2012年全国总的水利建设投资为4303亿元，与同期全国交通固定资产投资14 512.49亿元相比，不足其30%。可见，在近10多年的发展中，与城市和工业建设相比，国家在农田水利建设方面的投入还是相对滞后的，农业在城镇化和工业化发展中还处于相对弱势的地位。2011年中央1号文件指出，要把水利作为国家基础设施建设的优先领域，把农田水利作为农村基础设施建设的重点任务，建立投入稳定增长机制，这将农田水利建设提到了一个新高度。

五、城镇生活和工业排污量大，水源污染严重

城镇化、工业化进程对农业用水水质的影响，主要来源于不断增加的污染排放。我国每年有大量工业废水和生活污水排入江河、湖泊之中，严重污染了河湖水质。根据《中国环境统计年报》，我国的废水排放总量已经由1997年的415.8亿t增加至2012年的684.8亿t，其中工业废水排放量基本保持稳定，生活污水排放量大幅增加，农业用水的水质因而受到了影响。2012年我国农业水功能区水质达标率仅30.5%，灌溉水源水质不达标的现象较为严重，造成了农业水源污染和灌溉水质型缺水的问题。虽然农业灌溉用水对水质要求不高，但是若长期使用不达标的水进行灌溉，会降低土壤生产力或农产品质量，对人的身体健康有一定的影响。更为严重的是，一些有毒有机污染和重金属污染，会直接损害人体健康，产生极端恶劣的后果。目前，我国还有相当一部分地区使用污水进行农田灌溉，主要集中在水资源严重短缺的海、辽、黄、淮四大流域，一般分布于大中型城市周边。科学合理利用再生水灌溉是缓解水资源紧缺的有效途径，但再生水灌溉的标准还需要科学严谨地论证，以确保对人体健康无害。

第二节　城镇化、工业化推进对农业用水保障的挑战

根据第二章预测，如果不采取强有力的措施，相比2012年，未来农业用水量将会进一步减少，农业用水保障的形势十分严峻。在城镇化、工业化推进过程中，农业用水保障面临的挑战主要包括以下六个方面。

（一）生态文明建设给农业用水管理提出了更高的要求

近几十年来，我国的城镇、工业、农业及生态用水之间存在一种“弱肉强食”的关系，在水资源短缺时，往往是城镇和工业挤占农业用水，而农业又挤占生态用水。据1995～2006年资料统计，我国北方水资源开发程度已超过50%，黄河流域水资源开发利用率达到85%，海河流域水资源开发利用率达到108%，都远远超过了国际公认的40%合理上限。河道断流、湖泊萎缩、地下水超采在北方地区普遍存在，其中华北平原地下水总超采量达到1200亿m^3，成世界上最大的漏斗区。近年来，随着社会生态环境保护意识的增强，生态环境用水受到越来越多的重视，2003～2012年，全国生态用水由79.5亿m^3增加至108.3亿m^3。党的十八大把生态文明建设推向前所未有的高度，可以预见，未来一段时期内，随着生态文明建设的深度推进，生态用水量将有更显著地增加，农业用水挤占生态用水的现象将得到遏制，农业挤占生态的水量将逐步退还给生态，这给新时期农业用水管理提出了更高的要求。

（二）非农业与农业用水竞争的压力将会继续加大

从世界的发展趋势看，城镇化、工业化是各个国家经济社会发展的必由之路，是大势所趋。我国于2014年3月16日出台了《国家新型城镇化规划》（2014—2020年）等一系列政策，鼓励农村人口进城务工与经商，并通过土地集约化经营，解放了大量农村劳动力，城镇化、工业化的发展将推动城镇人口规模进一步扩张，未来城镇人口将持续增加。由于城镇人口的生活用水以及生态环境用水个体需求量远高于农村人口，因此城镇生活用水和工业用水需求还将快速增加，从而导致非农业用水总量大幅提升。

根据《全国水中长期供求规划》预测，2030年全国非农业用水量将增长到3043亿m^3，比2012年实际用水量增加814.3亿m^3，其中工业将增加396.3亿m^3，生活将增加385.3亿m^3，生态将增加32.7亿m^3。而按照最严格水资源管理水资源开发利用红线要求，2030年全国年用水量将控制在7000亿m^3以内，仅比2012年总用水量增加868.8亿m^3，农业用水几乎没有增长空间。对于资源条件有限的北方地区，未来城镇化、工业化发展将进一步对农业用水形成压力。根据第二章的分析，以河北为例，河北在1997～2012年期间，非农业用水增加了5.19亿m^3，而受水资源总量限衰减影响，总用水量反而减少了26.27亿m^3。可见，随着社会经济快速发展和人们对生态环境的需求不断提高，北方地区的非农业用水将持续增加，这将会对农业用水造成较大的竞争压力。

即使对于水资源丰沛的南方地区，为了促进社会经济和生态的和谐发展，各地按照最严格水资源管理制度要求，都明确了水资源开发利用红线，将非农业用水和农业用水总量控制在红线范围之内。随着非农业用水需求增加，南方地区非农业用水也可能会不同程度地挤占农业用水。以江苏为例，2030 年全省用水总量控制在 600 亿 m^3 以内，与 2012 年经济社会用水总量相比仅增加了 48 亿 m^3。但在 1997~2012 年 16 年期间，江苏用水总量增加了 50 亿 m^3，而工业用水和生活用水就增加了 66 亿 m^3，非农业用水的增长速度明显高于用水总量。在总量控制指标一定的情况下，城镇化、工业化发展势必会对农业用水造成影响。因此，无论北方、南方，农业用水都须进一步加大节水力度，走“内涵式”发展的道路。

（三）国家对农产品的需求不断增加

据中国科学院国情分析研究小组测算，当前我国年人均粮食需求量仅为 390kg 左右，北京、上海和天津三大城市年人均粮食需求量达 483kg。而亚洲部分国家和地区，如日本、新加坡、中国香港和中国台湾，在人均 GNP 接近或达到 1 万美元时，年人均粮食需求量虽比欧洲、北美洲等同等发展水平国家的需求量低得多，但也分别达 557kg、536kg、684kg 和 500kg。可见，我国年人均粮食需求量还远远低于发达国家和地区的水平。

在粮食直接需求方面，随着人口增加，我国粮食消费呈刚性增长，同时随着城镇化、工业化进程加快，水土资源、气候等制约因素使粮食持续增产的难度加大，而利用国际市场调剂余缺的空间越来越小。2009 年我国提出了《全国新增 1000 亿斤粮食生产能力规划》，预计到 2020 年全国粮食生产能力达到 5500 亿 kg 以上，比现有产能增加 500 亿 kg。作为我国粮食主产区的东北地区、黄淮海地区和长江流域分别承担新增粮食产能任务 150.5 亿 kg、164.5 亿 kg 和 56 亿 kg，占全国新增产能的 30.1%、32.9% 和 11.2%。就目前的情况而言，东北地区新增粮食产能将主要依靠扩大灌溉面积，黄淮海地区则将主要依靠提高生产效率，而目前农田水利设施和农业用水方面仍是限制主产区粮食生产的主要因素之一。东北地区东涝西旱，蓄引提工程明显不足，农田灌溉设施建设严重滞后，局部地区开垦面积较大，水稻产区地下水灌溉比例高。黄淮海地区地表水开发潜力小，地下水超采严重，供水明显不足，农田水利设施老化失修，灌溉面积萎缩现象较为普遍，旱涝灾害在年度内频繁出现。长江流域部分地区排涝设施不足，排涝标准偏低，渍害病虫害较重，四川盆地、湘南地区工程性缺水严重。保障粮食增产的压力巨大，应针对各地存在的问题提出相应的解决方案以保障全国新增粮食产能任务的顺利实现。

在蔬菜需求方面，目前我国城市蔬菜人均年消费量基本稳定在 120kg 左右，而农村人均年消费量保持在 100kg 左右。随着人口数量和结构的变化，我国的蔬菜消费需求也在不断变化。2012 年我国蔬菜的面积达到 3 亿亩，总产 7 亿 t，人均占有量达到 500 多 kg，分别比 20 年前增加了 17%、23% 和 26%。根据《全国蔬菜产业发展规划（2011—2020 年）》，2020 年我国蔬菜总需求量为 5.9 亿 t，将比 2010 年增加 8950 万 t，另外在质量上，消费者也更加重视蔬菜供给的品质和安全。

在肉蛋奶需求方面，随着生活水平提高和城镇人口增长，我国的肉蛋奶需求也呈增长态势。《中国食物与营养发展纲要（2014—2020 年）》提出，到 2020 年全国人均全年肉类消费将会达到 29kg，蛋类将会达到 16kg，奶类将会达到 36kg，水产品将会达到 18kg。肉蛋奶等需求的增加，也将导致农业中畜禽养殖业的用水需求增加。

（四）新型农业生产方式对供水保障的要求不断提高

我国的农业生产方式正在发生着重要转变。党的十八届三中全会明确指出，在城镇化、工业化进程中，必须统筹推进农村土地制度改革，解决城镇化过程中的用地瓶颈，实现土地配置市场化，着力推进农村集体经营性建设用地和农用地使用权有序流转。2013 年 12 月中央农村工作会议上强调，要不断探索农村土地集体所有制的有效实现形式，落实集体所有权、稳定农户承包权、放活土地经营权；土地经营权流转、集中、规模经营，要与城镇化进程和农村劳动力转移规模相适应。

一方面，土地流转有利于提高土地集约化利用程度，将分散化农业生产方式向合理的集约化方向转化，通过增加存量土地投入、改善经营管理等途径不断提高土地的使用效率和经济效益，土地集约化生产模式将有效缓解城镇化过程中的用地矛盾。相比传统土地生产方式，集约化生产方式的农田灌溉对用水保证率的要求更高。

另一方面，农业生产方式、组织形式及经营模式的规模化转变，也促进了种植结构向多样化发展，形成作物种类的多元化和特色化。作物种植结构的改变，使得灌溉方式、时间、灌水量等都有别于传统分散式种植模式，由以分散农户为单位发展到以农场和灌区为单位，由季节性灌溉要求发展到全年性灌溉要求。

因此，如何在农业生产方式（土地生产方式、种植结构）的转变中保障农业高保证率的用水需求，也是城镇化与工业化进程中对农业用水保障所面临的新挑战。

（五）水污染负荷居高不下且处理能力不足

随着我国城市化、工业化进程不断加快，发达国家近百年的环境问题在我国近 20~30 年内集中爆发，水环境污染已从地表水延伸到地下水，从城市蔓延至农村，形成点源与面源污染共存、生活污染和工业污染叠加、新旧污染与二次污染相互复合以及常规污染物、有毒有机物、重金属、藻毒素等水污染衍生物相互作用的流域性复合污染态势。近年来，我国水环境保护虽然取得积极进展，但在经济快速增长、资源能源消耗大幅度增加的情况下，水环境污染负荷高居不下，绝大部分水污染物排放量都处于世界第一，大大超过流域水环境容量，无法得到“休养生息”的机会。

根据《中国环境统计年报》，2012 年我国废污水排放量为 684.3 亿 t。虽然污水处理水平有了显著提高，但是与城镇化和工业化的快速发展相比，处理能力尚显不足。根据住建部“全国城镇污水处理管理信息系统”数据，截至 2012 年 9 月，全国设市城市、县累计建成城镇污水处理厂 3272 座，处理能力仅达到 1.40 亿 m^3/d，与 2012 年我国废污水排放量 684.3 亿 t 尚有一定的差距。此外，我国还有 363 座投入运行 1 年以上的城镇污水处理厂没有达到国家有关要求，平均运行负荷率不足 60%。

水污染负荷居高不下以及污水处理能力的相对不足，在未来相当长一段时间内还会继续影响农业用水水质，为城镇化、工业化进程中的农业用水保障带来严峻的挑战。

（六）弥补水利投入欠账的任务十分艰巨

2011 年中央 1 号文件指出，要把水利工作摆在党和国家事业发展更加突出的位置，着力加快农田水利建设，推动水利实现跨越式发展。力争通过 5～10 年努力，从根本上扭转水利建设明显滞后的局面。多渠道筹集资金，力争今后 10 年全社会水利年平均投入比 2010 年高出一倍。按照中央 1 号文件指示精神，2011 年和 2012 年我国水利建设投资额已达到 3452 亿元和 4303 亿元，与 2010 年的 2328 亿元相比有较大幅度的增长。但是，同期 GDP 分别为 471 564 亿元和 519 470亿元，水利投入占 GDP 比重仍然仅为 0.7%～0.8%，可见弥补水利投入的欠账，任重而道远。另外，中央 1 号文件提出的土地出让收益的 10% 用于农田水利建设，进一步完善水利建设基金政策，加强对水利建设的金融支持，这些政策在实施过程中还有待进一步细化并贯彻落实。

第四章　典型国家或地区经验启示

建立健全农业用水保障机制框架，既要立足于农业用水的现状和城镇化、工业化发展对未来一段时期农业用水变化的影响分析，还要借鉴典型国家和国内有关地区保障农业用水的有效做法和成功经验。在对国外大量资料搜集整理和对国内7个省（市）实地调研的基础上，本章总结分析了国内外在保障农业用水方面的经验启示。

第一节　出台法律法规和政策规划，明确农业用水水权

加强水资源的开发利用和管理保护，保障农业用水首先必须制定相关的法律法规、政策和规划，从而明确农业用水水权。在这方面，以色列、美国、日本等发达国家和北京、宁夏等地区的经验值得借鉴。

一、制定法律法规，明确农业用水水权

制定法律法规，规范农业用水的产权、秩序，从制度上保障农业用水是促进农业灌溉的根本。

1948年，以色列建国伊始，水的问题就列为国家的头等大事。1959年以色列通过了《水法》，规定所有水资源都是国家财产，由国家控制，为居民和国家发展的需要服务。根据《水法》，以色列建立了国家水利委员会，负责制定水利政策、用水计划和配额、水资源的开发、海水淡化、废水循环利用、防止污染等工作。除了《水法》以外，以色列还制定了《水计量法》《水井控制法》《经营许可法》等一系列法律、法规，并予以严格执行。正是由于这些国家层面上的法律制度建设，为以色列对农业用水和水资源开发利用方面的严格管理提供了强有力的保障。全国从上到下，形成了十分完善的管理制度、技术规范和工作流程，这些管理制度和管理措施在国家水利发展中发挥了十分重要的作用。

美国是实行水权较早的国家，水资源分配是通过州政府管理的水权系统实现的。水权是由法律确认或授予的水的使用权和处置权，是一种财产权利。水权可

以继承，可以有偿出售转让，有的地方还可以存入“水银行”，这对用水者具有极大的经济激励作用。以科罗拉多河为例，20 世纪 30 年代，内务部垦务局在科罗拉多河上修建了库容达 422 亿 m^3 的胡佛水库，同时在下游地区修建了几个较大的引水灌溉工程，如考契拉水利区、伊姆皮里灌区等。当时由联邦政府协调，有关各州达成了分水协议，并得到最高法院的裁决，其中伊姆皮里灌区分到约 84 亿 m^3 的水量，当时洛杉矶的人口和规模不像现在这样大，所分得的水量较少。近年来，城市人口和经济社会发展迅速，需水量剧增，原分得的水量已不能满足需求。为此，洛杉矶大都市与伊姆皮里灌区于 1985 年签订了为期 35 年的协议，灌区将采取包括渠道防渗、把含盐较多的灌溉回归水与淡水掺混后重新灌溉利用等措施节约下来的水量，有偿转让给洛杉矶大都市。作为补偿，洛杉矶大都市负担相应的工程建设投资和部分增加的运行费（其中灌溉回归水掺淡水再利用的工程投资为 700 万美元，另加一定的运行费用等）。

为保障农业灌溉用水，亚利桑那州颁布法律规定，如果城市要使用或购买农村地下用水，必须交纳“地下水经济发展基金”，该基金用于弥补受损失的经济活动。在科罗拉多州，存在一种在干旱时期暂时转让灌溉水权的选择性合同(option contracts)。城市部门与农村通过充分协商、谈判，来决定转让的水量和方法以及输水时间和价格等。合同中的条款很重要，它要明晰买卖双方的责任和权利，并且应具有灵活性，最终使双方都能从中获利。

日本《河川法》明确规定，历史上沿袭下来的农业稻田灌溉用水属“惯例水权”，占有优先，禁止水权交易。但随着经济社会的发展，各方面用水需求增加，争水矛盾突出，法律规定在高效利用、节约保护水资源的同时，可通过拥有水权的用户相互协商，对用水进行控制和调整用水量。近年来，日本出现了由城市部门提供部分灌溉设施改造费用，提高灌溉用水效率，节约下来的水则由提供投资的城市部门使用，这是激励农民进行设备更新的一种方法，这种间接的改变用途的水权转让在一定程度上促进了节水农业的发展，保护了农民利益。

二、编制规划和方案，从技术上保障农业用水水权

除了制定法规以外，还必须通过一定的政策和规划来保障农业用水。

北京市人民政府编制《北京市“十二五”农业节水规划》，明确了高效节水灌溉布局及发展重点，科学有序推进了农业节水工作；编制《北京都市型现代农业基础建设及综合开发规划》，整合资源，实现了 106 万亩农田沟、路、林、渠综合治理，进一步夯实了农田水利基础设施；编制《中央小型农田水利重点县建设规划》，贯彻新时期农田水利基本建设新思路，有力发挥了示范带动作用。

2009 年，根据宁夏建设节水型社会的要求，依据水权理论，参照多年实际

引用水情况，经自治区人民政府批准下发了《宁夏黄河水资源初始水权分配方案》（宁政办发［2009］221号）（简称《初始水权分配方案》）。近年来，宁夏按照《初始水权分配方案》，根据水利部下达的年度用水计划和黄委会下达的黄河干、支流月旬控制指标，按照“以供定需，总量控制，水权管理”的原则，严格编制审定《灌区年度水量调度预案》，把黄委分配的引水指标分配到各大干渠，用水指标分配到各市县。行水期间，根据年度水量调度预案，结合黄河来水、灌区气象、用水需求等，逐旬编制《水量调度方案》，实行流量和水量双指标控制。实践证明，明确水权，以供定需，对指导灌区做好抗旱保灌工作、稳定灌溉秩序、充分利用有限的水资源、确保上下游均衡用水具有重要作用。

第二节 加大基础设施建设投入，完善灌溉工程体系

加强灌溉基础设施建设投入，完善灌溉工程体系是保障农业用水的基础。国内外经验表明，加大灌溉工程建设的投入，是工程良性运行，充分发挥工程效益的关键。

一、加大政府公共财政投入，支持农业用水项目

美国联邦政府为了发展农业生产，解决干旱缺水地区（尤其是中西部地区）的供水问题，长期以来采取了一系列优惠政策，在工程计划方面优先安排灌溉工程项目。仅1902~1991年的89年，联邦政府通过垦务局完成了106亿美元水利工程的补助性投资，其中20亿美元为灌溉设施投资。给予长期低息或无息贷款是联邦政府扶持兴建水利工程的一个有效方法。对于一些农民急需而又缺乏资金的工程，只要农民提出申请，联邦政府会迅速提供必需的、长期无息贷款或低息贷款，偿还期限为40~50年，年利息为3%。农民在还清全部贷款后，其产权则归农民所有，这样既提高了农民兴建水利工程的积极性，又促使农民管好用好水利工程，建立起良性循环的经济机制。为了鼓励农民兴建水利工程，联邦政府通常采取向农民赠款建设工程的办法，一般赠款额为工程总投资的20%。在税收方面，联邦政府也采取了优惠措施。水利工程免交任何税赋，并可获得所征收的财产税中的一部分收入用于偿还水利贷款，使工程做到了按董事会决策的水价征收水费，达到收支平衡，良性运行。

1986~1999年智利全国小型水利工程建设投资2.83亿美元，其中政府补贴1.55亿美元。1999年投资9000万美元，其中政府补贴6300万美元。对小型水利工程建设，政府补贴75%，农民自筹25%。先由农民自筹建成竣工后，由政府择优补贴投资者。1990~1999年智利全国大中型水利工程建设投资4.4亿美元，

其中政府补贴 2.4 亿美元。1999 年当年投资 1.1 亿美元，其中政府补贴 4400 万美元。

二、加强节水灌溉工程建设，提高工程运行效率

近年来，我国大力推进大中型灌区节水改造和续建配套、小农水重点县建设等项目，提高了农业灌溉工程的使用效率。宁夏大型灌区续建配套与节水改造项目自 1998 年实施以来，累计完成投资 14 亿元，共完成骨干渠道防渗砌护 776km，除险加固渠道 84km，改造骨干建筑物 846 座，整治排水沟道 158km，建设节水型示范区 7 个。项目实施后，干渠砌护率由 13% 提高到 28%，骨干建筑物完好率由 48% 提高至 66%，引黄灌区灌溉水利用系数由 2005 年的 0.38 提高到 2012 年的 0.45，引水量较 1999 年减少 23.2 亿 m^3，初步完成了消除险工段、解决安全隐患、保障安全运行的任务，有效改善灌溉条件，增强了渠道工程的调控能力，缓解了灌区上下游用水矛盾，提高了下游地区灌溉保证率，有力地支持了宁夏的工业化、城市化发展，取得了“节水、减负、增效”三赢效果。

自 1997 年至今，河北石津灌区争取到十三期灌区节水改造和续建配套项目资金 1.84 亿元，累计完成投资 1.59 亿元，防渗渠道 189km，配套或改造建筑物 491 座，恢复和改善灌溉面积 138 万亩，新增粮食生产能力 1.66 亿 kg，直接社会效益 2.66 亿元。石津灌区也是水利部 2004 年度末级渠系改造试点灌区和 2008 年农业水价综合改革试点灌区，两项目共完成投资 1020 万元，其中省级以上投资 720 万元，用水协会自筹 300 万元。项目实施回复灌溉面积 0.5 万亩，改善灌溉面积 3.92 万亩，项目区水有效利用系数提高 15.6%。农民亩次灌溉成本降低了 15.9%。骨干工程和末级渠系的配套改造，使全灌区水有效利用系数提高了 5%，目前灌区渠系水利用系数提高到 0.48~0.55，灌溉水利用系数提高到 0.38~0.48，灌溉周期缩短了 5d，年节水约 1400 万 m^3，显著提高了区域农业素质和综合生产能力，为当地节水型社会建设、粮食安全、国民经济发展和新农村建设提供了有力保障。

第三节　完善管理体制机制，促进灌溉工程良性运行

以色列、意大利等国家以及我国四川都江堰灌区、宁夏灌区等在灌区管理制度方面的经验值得借鉴。

一、加强农业灌溉工程运行管理制度建设

加强灌溉基础设施建设是保障农业用水的根本，实现灌溉工程良性运行是保

障农业用水的关键。完善管理制度，促进工程运转正常，是保障农业用水的重要内容。

为了加强用水的管理，以色列成立麦考罗特公司，其职责是负责水利工程的建设和从国家供水网中供水到市政部门、地方委员会、农业安置区及私人企业等。麦考罗特公司根据水的用途制定水的收费标准，并根据政府控制价格的有关政策对不同用水部门进行相应的调整。私人和公共公司被授权后也允许开发当地水资源，其配额分配根据当地水文地质条件和国家发展政策而定。市政部门和地方委员会再将价格提高到经批准的额度配给消费者。增加后的价格包括运行费、供水和污水处理及污水系统的维护费用等。

以色列建立的农业生产形式主要是莫沙夫或基布兹。莫沙夫是一种合作农庄，由80~100个分散家庭组成，每户拥有300~350hm^2土地。麦考劳特公司把莫沙夫作为一个单位供水，莫沙夫委员会负责将水输送给每个农民，并负责监测水的使用情况。基布兹是另一种安置形式，是一种集体农庄。一般由150~400个家庭组成，每家按300~500hm^2土地安置。麦考罗特公司将基布兹也作为一个单位供水，年度选举产生的基布兹管理委员会负责对不同部门的用水管理。政府通过麦考罗特公司对国家供水网进行运行和管理，并按季节和月份配额将水及时并有保证地输送给用户。麦考罗特公司自建立初期就致力于扩展其业务范围，到目前已控制了以色列全部水资源的67%，其余的部分由市政部门、安置区和私人用户管理。安置区、市政部门和农村从麦考罗特公司收到供水，在政府供水网给水栓以下，规划和建设各自的配水网络，并负责将水输送给每个农民或用户。他们受麦考罗特公司委托，将批准的用水配额（每两个月为一个时段）供给用户，并监测输送情况。农田级的用水配额，也是按每两个月为一个时段，分配到各个农户。

意大利国家或地方政府承担骨干工程设施和管理维护的费用，田间工程设施和管理维护费用由农民自己承担。现代化的灌溉工程设施投入大，农民个人难以承受，意大利全国通过“孔索兹”民间机构，保证所有公共和私人工程的建设、维修和运行（水利工程中的排水工程、灌溉设施和道路等），以发展大面积的节水灌溉。“孔索兹”具有经营自主权，其模式是农民自己帮助自己，从技术援助、市场分析、帮助销售等使每户农民做到种、产、收有方向，有成效，最终有经济效益。目前喷、滴灌技术含量高，设备先进，控制面积大，“孔索兹”模式给农民技术援助和指导，使农民联合使用先进技术和设施，既节省了国家投资，又为农民解决了个人问题，这样可调动农民的积极性。

根据统计资料，意大利有效灌溉面积约160万hm^2，灌溉运行费用总支出45 000~190 000里拉/hm^2，中部、南部和岛屿的灌溉费用高于其他地区，总支出约135 900里拉/hm^2。中部地区是实施征收灌溉费的地区，灌溉成本约1.36亿里拉/hm^2，水费收入约0.88亿里拉/hm^2，灌溉水费的收入不能补偿灌溉成本，亏损部分由地方政府补贴，其他差额由孔索兹出资承担。

都江堰灌区是四川省最大、最重要的灌区，多年来都江堰灌区摸索出了一套卓有成效的灌区用水管理制度，保障了灌区农业用水的效率。一是民主协商用水计划的制度。灌区农业用水计划，按渠系由下而上地分级进行编制，报管理处编制干渠或本处管辖灌区的农业用水计划，管理局召集各管理处编制本灌区的用水计划，根据用水、来水过程线进行平衡分析，制定出全灌区的用水和配水计划。二是交接水制度。为了使用水计划付诸实施，一般按县界范围在适当地点设置交接水站，施测水位流量关系曲线，实行上游交水，下游接水的制度。各管理处之间，农业与工业用水之间，或管理站与管理站之间和其他需要设立交接水的地方，都建立了交接水制度。三是水情测报制度。渠首水源站，各干渠配水站、分水站、交接水站，配水期统一规定每天8时、20时，分别观测水位。当天水源来水量情况，作为配水的主要依据，由管理局掌握，按灌区配水计划分配到各干渠，并用电讯与管理处有关部门传递。四是轮灌制度。当水源不足，用水紧张时，都江堰灌区采用集中水量，支渠以下实行分段轮灌。五是岁修制度。岁修是确保都江堰历久不衰最重要措施之一。近年来，为了进一步适应发展的需要，都江堰灌区将通过修建库容13亿m^3的紫坪铺水库和都江堰渠首反调节工程，从根本上解决都江堰灌区的水源问题，实现灌溉面积1472万亩的总体规划。

近年来，宁夏也加强了引黄灌区的调度管理。一是强化水量调度，优化水资源配置。根据黄河来水情况和灌区用水实际，对灌区引用水实行“年控制，月计划，旬安排，日调节”的调度模式，严肃调度纪律，使水量调度方案得到很好的执行。水管单位各级调度部门坚持每周“调度例会”制度，分析用水需求，研究灌溉重点，确定调度方案，有效配置水资源。调度过程中，根据黄河水情和灌区用水需求变化，对各大干渠引水流量进行实时调整，既确保了计划的严肃性，又增强了计划的灵活性。各大干渠通过采取集中供水、支渠轮灌等措施，强化水量调度，优化干渠运行方式，严格执行所段、县界交接水制度，切实保障了灌溉秩序，确保灌区均衡受益。二是实行多水源联合调度，化解时段性缺水矛盾。采取井渠掺灌、沟水回归利用、库湖丰蓄枯补等措施，实行多水源联合调度，拓展了供水领域，削减了引水高峰，提高了农业供水保障程度。实现了黄河水、地下水联合调度，农业、工业、生活及生态用水统筹配置。2008年以来，为解决渠道末梢段的灌溉难的问题，减轻土壤盐渍化现象，在平罗、惠农、灵武、贺兰四地，推行了井渠结合灌溉工作，在黄河水、地下水统一调配及渠道、机井联合运用上进行了积极的探索与尝试，目前井渠结合灌溉面积发展到25万亩，年均节约引黄水量4000多万m^3，节水保灌、改土增效成果显著，井渠结合灌溉模式日趋成熟。同时充分发挥调蓄水库灌溉调蓄作用，实行丰蓄枯补调度方式，在灌溉高峰期向下游补水。开启电力排灌站、抗旱移动泵抽取河湖沟水进行补灌，保障末梢段农田的适时灌溉，弥补了渠道来水不足的影响。

二、推动农民用水户参与用水管理

组织和引导农民用水户参与灌溉用水管理是推行灌溉管理体制改革的重要基础，是进行有效灌溉管理的重要手段。

20 世纪 80 年代中期，在世界银行等国际组织推动下，国外兴起了一种有效的农业灌溉管理模式：参与式灌溉管理。这种管理模式的主要内容是：按灌溉渠系或行政边界划分区域，在同一区域内的用水户共同参与组成有法人地位的社团组织（如用水者协会），通过政府授权将工程设施的维护与管理职能部分或全部转交给用水户自己民主管理。工程的运行费用由用水户自己负担，使用水户真正成为工程的主人。政府的灌溉专管机构对用水户协会在技术、设备等方面给予支持和帮助。各国农民的参与式管理机构大致可分为以下三大类。

第一类是公司制的管理模式。灌区建立非盈利性经营实体，具有独立的法人地位，同时享受政府对弱势产业和基础设施建设的扶持政策，实行准市场运作，是一种自治和自主管理的制度，主要在一些发达国家中采用，比较典型的是美国和澳大利亚。具体做法是，成立灌区董事会，董事从用水户中民主选举产生。政府不干涉灌区管理执行机构的工作。执行机构对外称公司，负责灌区具体的运行维护工作。

第二类是政府占主导地位的灌区分级管理模式，是大多数发展中国家和部分发达国家的做法。例如，日本的具体做法是，水源工程由政府水管理部门直接负责管理；干、支渠及其附属建筑物由土地改良区进行管理；田间灌溉工程设施在斗渠以下的系统，包括储水池和灌溉设备等，交由用水户组织管理。每个土地改良区管辖数十户或数百农户，由用水户民主产生理事会并确定管理机构的人员，但更多的是依靠行政机构的支持而进行管理。

第三类是独立于政府之外的农民用水者协会管理模式。用水者协会的主要功能是水分配的管理、协会基层组织的维护和末级量配水设施的管理。目前，农民通过用水者协会参与灌溉的管理，使很多大规模灌溉系统运作得更好。例如，墨西哥由农民组织的、不同规模的灌溉协会约有 4 万余个，灌溉的农田约占墨西哥全国农田的一半。这些灌溉协会能基本独立于政府之外自主经营管理运行，实现财务独立和自负盈亏。

近年来，随着我国对大中型灌区节水改造和续建配套项目地不断实施，大中型灌区骨干工程不断完善，奠定了良性运行的基础，但是一些灌区的末级渠系存在设施不全，灌溉不畅的问题。因此，促进农业灌溉工程良性运行，关键在于末级渠系有效运转，构建农田水利良性运行机制，核心的工作是提高农民用水户协会综合管理能力，推行农民用水自治。农民用水户协会是实现农民用水自治的主要形式，是大中型灌区末级渠系工程产权主体和建设、运行管理的主体。目前，全国灌区已初步建立起用水户田间工程自主管理的新机制，用水户协会等群管组织已经成为农村基层管水用水的主要组织形式。截至 2010 年年底，全国大型灌区参与灌溉管理用水户协会数量已达 1. 86 万个，其中在民政部门注册约 9210 个，管理灌溉面积 1. 52 亿亩。

2006 年，北京市水务局、市农委、市财政局、市发展改革委、市民政局出台《北京市农民用水协会及农村管水员队伍建设实施方案》，明确农民用水协会的组建和农村管水员队伍的组建要求、形式和过程。同年，北京市水务局出台了《关于印发村农民用水分会工程管护等五项制度的通知》，对农民用水协会分会的工程管护制度、灌溉管理制度、财务管理制度、水费征收使用管理制度、节约用水管理制度等进行了明确和规范。同时还出台了《北京市农村管水员专项补贴资金管理暂行办法》、《北京市选聘村级管水员考试办法》等，逐步建立了农民参与用水管理机制，引导和规范了农民用水协会和农民管水员队伍建设，对基层水务站骨干、农村管水员及工程使用者进行技术和管理培训，提高了其工作能力和业务水平，促进了农业节水。

自 2004 年以来，经过试点、全面推开和巩固规范三个阶段，全区 22 个县（市、区）共成立农民用水协会 952 个，其中引黄灌区 848 个，南部山区 104 个。形成了纯协会、支部+协会、协会管理下的支斗渠承包、联合会、水管单位+协会 5 种管理模式。协会专兼职管理人员 4565 人，其中，村干部担任会长的 708 人，占 84%；农民担任会长的 140 人，占 16%；水管单位参与延伸服务工作人员 675 人。管理支斗渠 2716 条，控制灌溉面积 600 万亩，占全区灌溉面积的 80%。理顺了农村供用水管理体制，落实了灌溉设施管理责任，提高了农村用水管理水平，基本实现了水费公平负担和农民减负增收。

宁夏农民用水户协会建设和管理的主要做法有：一是制定了协会章程和选举办法，组织召开群众代表大会，公开选举，健全了各项管理机构和制度；二是在地方民政局注册登记，协会真正成为具有独立管理自主权、财务自主权的社团法人；三是制定协会聘用人员目标责任书，明确管理目标，限时全额收清当年水费，工资实行绩效考核；四是水费收缴统一使用《渠首管理处灌溉用水预购收据》，由协会代管会计设立台账，按照票号进行登记、保管，做到票据发放有记录、使用有监管、回收有注解；五是做好农户缴费台账的建立，协会建立逐户水费收缴台账，定期汇总，对各生产队水费收缴情况进行公示；六是完善支渠水费的使用管理，制定支渠水费使用管理办法，40% 返还镇总会，60% 用于协会工作人员工资和协会日常办公开支，支出逐级签字，杜绝了支渠水费支出责权不明、管理混乱的现象；七是做好用水申报，协会合理安排支渠灌溉秩序，提前灌溉，在灌区春灌十分严峻的情况下，每年 4 月 23 日开始组织春小麦头水灌溉，4 月 27 日全部结束，提前 7 天灌溉，确保了粮食丰收。

目前，我国开展的农民用水户协会大多是在原来村级集体组织基础上转换而来的，不少地方协会领导的代表性不够，在指导思想、管理方法上仍按行政方式操作，将农民用水者协会混同于行政组织来管理，对用好、管好水和收取水费的意识较强，而对如何反映用水者愿望和要求、为用水户服务的意识不够。因此，在农业用水管理中，要重视发挥农民用水户协会等专业性组织的作用。

第四节 大力推广节水技术，提高农业用水效率

以色列等国家和我国北京、江苏等地区在节水技术推广和农业用水效率提高方面的经验值得推广。

一、节水优先，重视发展节水灌溉

以色列政府优先发展高效节水农业，半个多世纪以来，长期不懈开发节水新技术，成绩斐然。以色列每年可用水资源约为 20 亿 m^3，农业是用水大户，占全部用水量的 60%~70%。为了提高农业用水效率，以色列不断提高节水灌溉技术水平，节水灌溉技术已从简单的喷灌逐步发展到目前全部采用计算机控制的水肥一体喷灌、滴灌和微喷灌、微滴灌系统，不但节约了水资源，还大幅度提高了农作物的产量和品质，经济效益显著。以色列平均每公顷的灌溉水量由 1975 年的 8700m^3 下降到 1995 年的 5500m^3，在农业用水总量不增加的条件下，农业产出增长了 12 倍，每立方米水的产量约提高了 4 倍。节水方面的主要措施有：第一，循环利用再生水资源。以色列是世界上循环水利用率最高的国家，处理后的再生水利用率已达 70%，居世界首位，其中 1/3 用于灌溉，约占总灌溉水量的 1/5。应用的面积从 20 世纪 70 年代的 1620hm^2 扩大到 90 年代中期的 36 840hm^2。第二，利用微咸水。以色列南部沙漠的微咸水被用来农田灌溉，生产的西红柿和其他蔬菜、水果的品质，甚至优于淡水灌溉生产的产品。第三，采用滴灌和微灌技术。以色列很早就采用了压力喷灌技术，20 世纪 60 年代后期，又开发了滴灌技术，基本上实现了喷微灌溉，喷微灌中滴灌比重已达 70%。第四，雨水的收集和利用。由于淡水资源十分珍贵，以色列因地制宜地在各地修建各类集水设施，尽一切可能收集雨水、地面径流和局部淡水，供直接利用或注入当地水库或地下含水层。从北部戈兰高地到南部内盖夫沙漠，全国分布着百万个地方集水设施，每年收集 1 亿~2 亿 m^3 水。

除了以色列以外，还有一些国家十分重视农业节水灌溉。智利和墨西哥通过抓好基础设施建设，大力推广先进的节水灌溉技术，实现对水资源的有效控制，确保计划供水，提高水资源利用率，同时加快农业结构调整，发展高效益的经济作物生产，提高农业效益，增加农民收入。在智利的基约塔省，有37%的耕地面积均采用了喷、滴灌技术，其中滴灌、微喷灌技术应用达34%。墨西哥莫雷洛斯州的92个灌区中，71%的是低压管道，17%的是喷灌，12%的是滴灌，水资源利用率高达50%~60%。

二、推广节水灌溉技术，扩大节水灌溉面积

北京从20世纪50~60年代就开始发展渠道衬砌输水灌溉，20世纪70年代后，由于灌溉面积的不断扩大和地表水源的紧缺，北京的灌溉除了逐渐开发地下水发展井灌外，还不断采取各种高效节水措施，如低压管道输水灌溉、喷灌、微灌技术等，节水灌溉取得了巨大发展。

北京农业节水灌溉发展大体分为两个阶段。第一阶段：20世纪80年代至1998年，农业节水灌溉面积的快速发展阶段。该阶段灌溉农业的特点是以保障农业生产为目的，以大田喷灌和低压管灌为主要形式。原顺义县为当时全国第一个喷灌县。第二阶段：针对1999年以来北京连续多年干旱的形势和发展都市农业的要求，农业节水灌溉的标准提升和再生水替代阶段。该阶段灌溉农业的特点是以服务都市型现代农业和减少农业用水为主要目的，大力发展设施农业滴灌、果树小管出流等高效节水工程，提高水利用效率；大力发展再生水灌区，替代清水资源。

近几年由于城市化进程的加快、城近郊区建设占地等原因，灌溉面积不断减少，使得全市节水灌溉面积的绝对数有所减少，但是节水灌溉面积占灌溉面积的比重却不断加大。2012年北京节水灌溉面积为315万亩，占总灌溉面积的90%，以喷灌、微灌和低压管道输水灌溉为主的高效节水灌溉面积为265万亩，其中，低压管道输水灌溉193万亩，喷灌57万亩，微灌15万亩。节水灌溉面积、高效节水灌溉面积占总灌溉面积的比重分别为90%和76%。

近年来，江苏通过农村河道疏浚整治、小农水重点县建设、灌区续建配套和节水改造，大力加强工程基础设施。在完善工程的基础上，江苏大力推广节水灌溉。省政府办公厅专门下发了《关于大力推广灌溉技术着力推进农业节水工作的意见》，针对不同的水系特点及农业结构，划为南水北调供水区、里下河区与盐城渠北区、通南沿江高沙土区、苏南平原区与圩区、丘陵山区五大区域，针对不同区域提出不同节水措施。同时明确提出要进一步建立完善水资源有效供给和科学配置体系、进一步建设完善适应区域水资源承载能力的农业种植结构调整体

系、进一步建设完善因地制宜的节水灌溉工程体系、进一步建立完善高效实用的节水农艺技术体系、进一步建立完善以农业节水为核心的农村水环境保护体系、进一步建设完善以体制机制改革为重点的农业节水灌溉管理体系等六大体系建设，通过切实加强大中型灌区续建配套与节水改造力度，积极推进规模化节水灌溉增效示范项目建设、持续推进加强小型农田水利重点县建设项目高效节水灌溉工程建设、协调推进其他渠道资金农业节水项目建设、着力推进农业节水灌溉技术创新工程建设等工程措施，通过节水更好地保障农业用水。

第五章　农业用水保障机制的总体框架

本章在分析城镇化、工业化进程对农业用水的影响原因及挑战的基础上，借鉴典型国家和地区农业用水保障的经验，提出我国农业用水保障的近期目标和远期目标，建立农业用水保障机制的总体框架，并针对黄淮海地区、西北地区、东北地区、南方地区的特点分别提出保障农业用水的重点任务。

一、指导思想

以科学发展观为指导，贯彻党的十八大和十八届三中、四中全会精神，落实2011年中央1号文件和中央水利工作会议的要求，落实习近平总书记提出的“节水优先、空间均衡、系统治理、两手发力”的治水方针，坚持工业化、城镇化、农业现代化协调发展，以确保农业用水安全为目标，以保障农业用水水权为核心，确保农业用水水量，提高农业用水效率，保证农业用水水质，完善农业灌溉工程设施体系，加强农业用水管理，着力强化政策、科技、设施支撑，建立健全农业用水保障机制，为支撑粮食安全和农业现代化奠定坚实基础。

二、基本原则

（1）明确底线、适度开源。明确农业用水保障的底线，包括明确农业用水总量、灌溉面积、农业用水效率、农业用水水质等保障目标。针对我国农业供水不足的现状，根据水资源条件合理开发常规水资源，加大非常规水源利用，适度发展灌溉面积。

（2）节水优先、量质并重。把落实最严格水资源管理制度放在更加突出的位置，以水资源高效利用为核心，推进农业节水灌溉，提高农业用水效率。同时，应坚持水量保障和水质保障并重，防止城镇化、工业化及农业自身发展带来的水污染问题，在水量和水质两个方面共同保障粮食安全。

（3）因地制宜、分区实施。我国幅员辽阔，不同区域水土资源禀赋各异，城镇化和工业化发展程度也各不相同，农业用水保障应因地制宜。针对各分区不同本底条件和发展程度，确定其农业用水保障的关键任务，做到重点突出。

（4）统筹兼顾、协调发展。围绕“三化”协调发展的战略，既要支撑农业现代化发展，又要兼顾城镇化、工业化的发展；既要满足农业发展、粮食安全用水的需求，也要兼顾城镇化、工业化发展合理的用水需求。

（5）系统谋划、综合施策。应遵循城镇化、工业化和农业现代化发展的规律，科学确定不同阶段农业用水保障的目标和重点任务。水量保证、水质保护和效率提高应同步推进，从政策、工程、技术、设施、宣传等方面全面落实。

（6）完善法制、强化责任。以农业水资源确权为切入点，建立健全保障农业用水相关的法律法规，做到有法可依，从法制层面确立农业用水保障的长效机制。农业用水保障需要政府和市场两手发力，强化各级部门和单位的责任，促进各部门之间的合作，充分发挥市场在资源配置中的基础作用。

三、主要目标

（一）近期（2020年）目标

出台一系列农业用水保障相关的法律法规，建立健全农业水权制度、农田水利工程产权制度、农田水利工程运行补贴制度、农业水价制度等相关制度，大规模推广灌溉信息化、科学调度、节水灌溉、水质优化等农业用水保障相关技术，完善农业灌溉工程设施体系，初步建立农业用水保障机制。到2020年确保灌溉面积达到11.0亿亩（其中农田节水灌溉工程面积6.96亿亩），农业用水水量不低于3998亿m^3，农田灌溉水有效利用系数提高到0.55以上，农业用水水质明显好转。

（二）远期（2030年）目标

建立健全农业用水保障相关法律法规和规划体系，全面建立农业水权制度、农田水利工程产权制度、水利工程良性运行与管护机制，灌溉信息化、科学调度、节水灌溉、水质优化技术全面推广，农业用水保障机制全面建立。到2030年确保灌溉面积达到11.4亿亩（其中农田节水灌溉工程面积8.50亿亩），农业用水水量不低于3956亿m^3，农田灌溉水有效利用系数提高到0.6以上，农业用水水质全面好转。

四、总体任务与责任分工

依据十八届三中全会《中共中央关于全面深化改革若干重大问题的决定》精神，根据农业用水保障机制的基本原则和主要目标，构建城镇化、工业化进程中的农业用水保障机制框架。总体框架设计首先需要健全农业水资源的产权制度与用途管制制度，实现农业用水水量的占补平衡，同时加强农业水源整治和污染补偿，并在技术挖潜和工程管理方面进一步提高农业用水效率。城镇化、工业化进程中的农业用水保障的总体任务应围绕以下 3 个方面开展：①实施水量保障，缓解城镇化和工业化进程对农业用水的水量挤占，包括明确农业用水水权、实施农业水资源用途管制、对农业用水转让严格审批、落实农业用水转让补偿；②利用城镇化和工业化发展带来的有利条件，加强节水改造、挖掘节水潜力，加强农田水利工程建设、促进运行管理，提高农业用水效率和供水保证率；③防止城镇化和工业化进程对农业用水的水源污染，实施水质保障，包括加强农业水污染防治、落实水源污染补偿。农业用水保障总体任务与责任分工如图 5-1 所示。

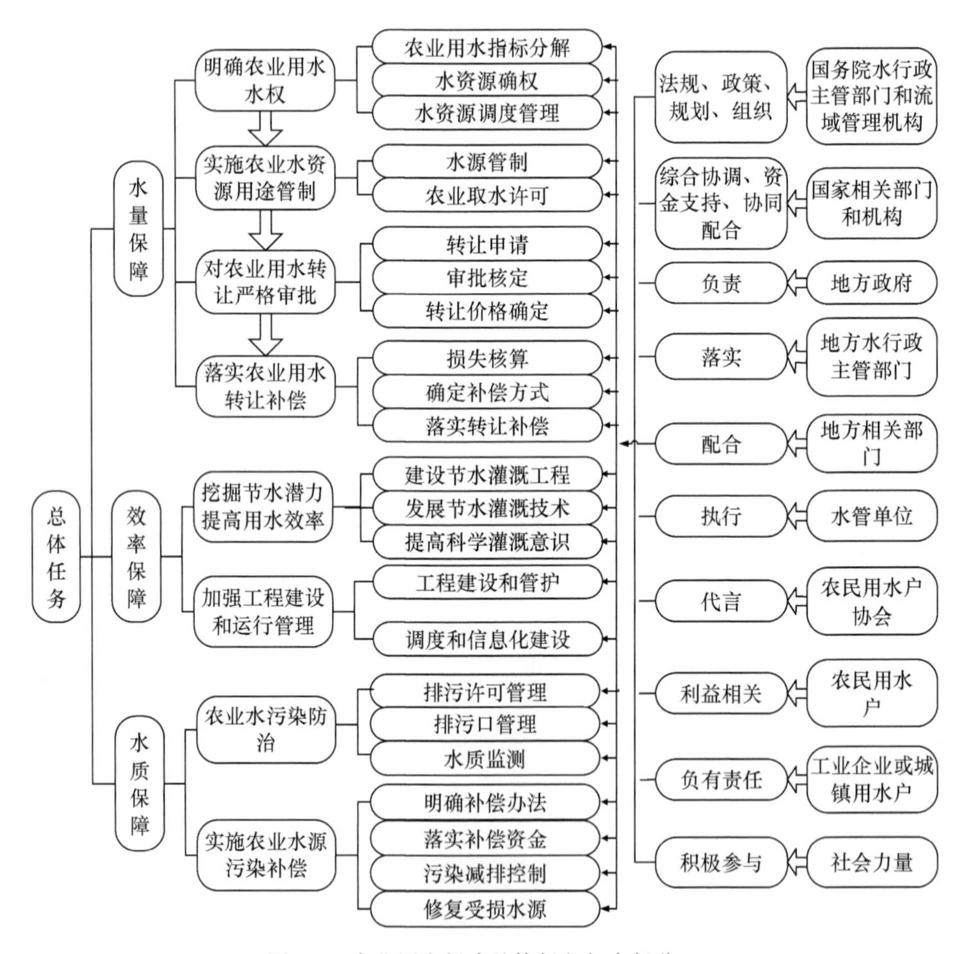

图 5-1　农业用水保障总体任务与责任分工

（一）总体任务

1. 明确农业用水水权

落实农业用水水权，保障农业用水水量是保障农业用水的首要任务。十八届三中全会提出，对水流、森林、山岭、草原、荒地、滩涂等自然生态空间进行统一确权登记，形成归属清晰、权责明确、监管有效的自然资源资产产权制度。目前通过实施最严格的水资源管理制度，将水资源开发利用红线由全国分解到省、市、县各级行政区单元，确定了2020年和2030年的用水总量控制目标，下一步还需要从各级行政单元的用水总量中细化分解出农业用水量控制目标，对农业用水水权的归属进行明晰，并根据来水丰枯情况对农业用水水权进行调度管理。

2. 实施农业水资源用途管制

为了遏制水资源“农转非”现象，实施农业水资源用途管制，对农业水资源利用方式、利用程度、用途变更等加强管制。农业水资源用途管制应遵循最严格水资源管理制度，在水资源综合规划、水功能区划等依据的基础上实施：一方面，加强农业水源管制，按照水功能区划中农业用水区的划分，对水源级别和水源供水范围进行管制；另一方面，加强农业取水许可，严格管理取水用途，按照《取水许可和水资源费征收管理条例》和《取水许可管理办法》，农民用水户或灌区单位在申请农业取水时，应突出所申请水资源的用途，对于取水许可为农业用水的，不得随意更改为非农业用途，防止城市和工业发展对农业水源的肆意占用。另外，严格保障基本的农业用水，对于粮食生产任务重的地区，尤其重视保障农业基本用水，尽可能减少城镇生活与工业占用农业用水的现象，保证作物关键期用水。

3. 严格审批农业用水转让

加强对农业用水转让的行政审批，严格审批制度。在实施农业用水用途管制的基础上，对农业用水的转让活动加强审批，要求发生农业用水转让时必须由水权转让双方提交申请，需写明转让事由、转让水量、转让方式或转让途径、转让年限等要素，并对水权转让的影响进行评价，交由县级以上水行政主管部门或流域管理机构批准。县级以上水行政主管部门或流域管理机构对申请进行审核，核定水资源“农转非”的转让期限、转让价格、转让水量和转让用途。在丰水年份，枯水年份对转让份额实行丰增枯减，同时规定转让最低限价，转让用途为居民生活用水优于公共生活用水和工业用水，无污染行业优于低污染行业。在农业用水转让的过程中应该有严格的程序和制度支持来实施水权的转移，禁止农业用水在未节水的基础上直接减少灌溉水量，将用途转变为城市和工业用水。

4. 落实农业用水转让补偿

农业用水转让的前提是农业节水，提高用水效率以后节约的水量可以转让。农业用水转让将对农业生产造成一定程度的损失，受益地区或行业应对受损主体进行用水补偿，以促进农业节水的积极性和农业用水效率的提高，尽量减少农业用水转移对农业生产造成的冲击。充分运用市场经济调节作用，制定合理的农业用水转让补偿制度，实施农业用水有偿转让。农业用水转让补偿应当坚持“谁受益，谁补偿”的原则，由取水方给予经济补偿。补偿的范围应当包括：采取农业节水措施和节水设施改造所发生的经济投入；农业生产因用水转让引起的损失；因农业用水转让引起的生态环境变化所造成的损失。在实施农业用水转让补偿的过程中，政府应加强对农业用水转让补偿实施过程的监管。

5. 挖掘节水潜力和提高用水效率

根据各地水资源承载能力和自然、经济、社会条件，优化配置水、土、光、热、种质等资源，合理调整农业生产布局、农作物种植结构以及农、林、牧、渔业用水结构。完善农业节水工程，优先推进粮食主产区、严重缺水和生态环境脆弱地区节水灌溉发展，加强渠道防渗处理，推广节水灌溉技术，提高田间灌溉水利用率。在井灌区和有条件的渠灌区，大力推广管道输水灌溉。在水资源短缺、经济作物种植和农业规模化经营等地区，积极推广喷灌、微灌、膜下滴灌等高效节水灌溉和水肥一体化技术，大力发展调亏灌溉技术，加强广义水资源的利用。加强水资源统一管理，强化农业节约用水管理和监督，合理确定灌溉用水定额。明确农业节水工程设施管护主体，落实管护责任。完善农业用水计量设施，加强水费计收与使用管理。完善农业节水社会化服务体系，加强技术指导和示范培训。积极推行农业节水信息化，有条件的灌区要实行灌溉用水自动化、数字化管理。

6. 加强工程建设和运行管理

加强农田水利工程建设，减少工程型缺水，提高供水保证程度。目前，由于我国水资源空间分布不均衡，部分地区仍然存在工程型缺水问题。应加强重点蓄引提调工程建设，以解决区域农业水源工程不足和农业抗旱及灌溉缺水的难题，提高农业的供水保证程度。在易旱区、缺水区应兴建一批骨干应急水源工程、备用水源工程和小微型水源工程，同时加强输配水工程和田间滴灌微灌等节水工程建设。在易涝地区，应兴建现代化排灌体系，对排涝沟道以及田间配套建筑物进行更新改造。在水资源丰沛的地区，对农田水利工程进行维修改造，加强渠系工程配套建设。

在加强农田水利工程建设的同时，促进工程的运行管理。完善工程管理技术标准，完善相关技术规程和工程技术管理办法，突出规范化管理。加强工程安全运行，加强农田水利工程运行管理督查工作机制，针对不同类型的农田水利工程开展运行管理督查。同时注重科技引领，坚持以信息化引领农田水利工程管理的现代化，积极推进遥测遥感、现代化通信、物联网技术等在农田水利工程运行管理中的运用，加强信息化调度，提高科学调配水平，提高农业供水的保证程度。

7. 加强农业水污染防治

在农业水污染防治方面，主管部门应建立和完善水功能区排污许可制度和重点水污染物排放实施总量控制制度。加强对排污口设置的管理，对农业用水区的排污总量应按照最严格水资源管理的水功能区限制纳污要求来严格实施。建立健全农业水源日常管理制度，积极开展农业水功能区的水质监测工作，对大型灌区灌溉水源和水库水源地定期开展监测和巡查，全面掌握农业水质情况。严格控制工业、城镇生活对农业用水水源的污染。一方面，对于农业用水区沿途的常规污染物排放，应该按照水功能区限制纳污红线要求加强管理，对污染企业进行整改，对严重污染农业用水水源的企业实行关停，提高企业废水排放的达标率；另一方面，对于农业用水区沿途的重金属、有毒有机污染物等排放，应严格禁止。同时，加强再生水灌溉标准和技术的研究和示范，在不影响农产品品质的基础上开展污水再生利用。另外，还需注意防治农业本身产生的污染，加强对化肥、农药施用方式的管理，推广使用配方肥、有机肥、缓释肥等，遏制农业面源污染。

8. 实施农业水源污染补偿

在农业水源污染补偿方面，应通过完善的法律法规体系，建立健全农业水源污染补偿制度，在完善排污监测系统、建立排污指标和配套检测机制的基础上，对城市和工业造成农业水源严重污染的，制定相关政策由排污方实施补偿，在补偿过程中要明确补偿环节、补偿主体、补偿标准和补偿办法，如对排污企业强令实施污染限排或禁排并对受损农户和农业生产实行经济和技术补偿等，在污染补偿中应落实补偿资金的来源渠道，形成有效的补偿机制；同时水行政主管部门还应加强技术创新，及时对受污染的农业用水进行处理，尽快恢复受污染的农业用水水源，防止危及食品安全。

（二）责任分工

城镇化、工业化进程中的农业用水保障，需要政府和社会各个方面全面配合和共同落实，参与的部门及社会力量包括各级水行政主管部门、地方政府及有关部门和机构、水管单位、农民用水户协会、农民用水户、工业企业和城镇用户以及社会力量。

1. 国务院水行政主管部门和流域管理机构

水利部作为国务院水行政主管部门，对建立农业用水保障机制，在顶层设计方面具有重要作用。水利部应贯彻党的十八大和十八届三中全会的精神，落实中央1号文件、《国务院关于实行最严格水资源管理制度的意见》等提出的与农业用水保障相关的任务目标和工作安排。在健全法律法规方面，水利部应进一步推进农业用水保障相关的法律法规建设，起草农业用水相关法规草案，健全水法规体系，加强水行政执法，进一步推进依法治水。在水资源确权方面，水利部应在国务院的领导下，拟定全国及各省的农业水量分配方案，组织对农业水资源进行确权并总体调度，制定水资源用途管制、水权转让、转让补偿制度并监督实施。在农业节水方面，水利部负责拟订节约用水政策，制定有关标准，指导和推动节水型农业建设工作。在农业水质保护方面，水利部应组织核定农业用水功能区的纳污能力，提出限制排污总量，制定水源保护制度，指导农业水源的保护工作。在规划投资方面，水利部应负责国家层面的农业水资源规划、重大农田水利工程的规划和投资。在管理体制建设方面，水利部应组织各级机构深化改革，适应新时期农业用水管理的需求。

各流域委作为水利部的派出机构，应按照有关政策法规、规章制度要求，代表水利部行使好制定规划、取用水的审查审批等职能，保障流域水资源的合理开发利用，推进流域水资源保护工作，积极指导农村水利有关工作。尤其应加强水资源管理和监督，统筹协调流域内农业与工业、生活、生态用水之间的关系，拟定好农业水量分配方案、水资源调度计划和旱情紧急情况下的水量调度预案并组织实施，积极组织开展流域取水许可总量控制工作，落实取水许可和水资源论证等制度，开展流域和流域内重要水利工程的水资源调度。

2. 国家相关部门和机构

实施农业用水保障，需要多部门通力合作。除了国家水行政主管部门以外，农业用水保障还涉及发改委、财政、农业、环保等政府部门及国家开发银行、中国农业发展银行等金融机构，需要从规划上综合协调、在财政政策上给予支持、在行业发展上协同配合、在粮食安全上共同维护。

国家发改委应统筹协调好全国新型城镇化、工业化和农业现代化之间的关系，组织开展与农业用水保障相关的政策制度、规划计划的制订，深化粮食安全、供水安全等问题的研究并提出宏观调控政策建议，在推进经济结构战略性调整的同时，协调好农业和农村经济社会发展的重大问题。

财政部应积极落实我国农田水利建设及相关水利改革发展的扶持资金，增大对农业的财政投入，促进中央政府性建设投资向农业倾斜，使新增中央预算重点指向保障性农业和水利工程。同时，要深化金融体制改革，让金融企业更好地服务于“三农”等经济实体。

农业部应组织农业资源区划工作，指导农用地、宜农湿地和宜农滩涂的保护和管理，拟定耕地和基本农田保障政策，制定农业科研、农技推广的规划、计划和相关政策，积极发展节水农业，根据水资源条件优化农业种植结构，指导农业面源污染治理有关工作。同时，要夯实农业农村发展基础，会同水利部门支持高效节水灌溉等重点项目，加快建成一批旱涝保收高标准农田。

环保部应建立健全污染物排放控制和排污许可制度并加大实施力度，建立健全水体污染防治管理制度，会同有关部门监督管理农业水源地环境保护工作，组织实施水环境质量监测和污染源监测，减少城市和工业等污染源对农业水源的污染，确保农业用水水质达到国家标准。

国家开发银行、中国农业发展银行等金融机构应根据国家有关要求，加强对农田水利建设的投融资，改进农村金融服务，完善金融服务功能，加大对“三农”的信贷投放，加大农田水利基本建设贷款投放力度。

3. 地方水行政主管部门

地方水行政主管部门的主要工作：①在水利部和地方政府的领导下，实施农业水资源确权。在最严格水资源管理制度“三条红线”的控制下，地方水行政主管部门将水资源开发利用总量控制指标细化分解到行业，通过省级政府的批复后，将农业水权确定到省属各级行政单元。②地方水行政主管部门依照权限负责对辖区内的农业用水权实施用途管制和转让的统一监管，依照法律法规和有关政策规定的管理权限，负责管辖范围内农业取水许可、水权转让和补偿制度的组织实施和监督管理。③落实保障农业水质。按照最严格水资源管理制度要求，地方水行政主管部门依照权限对农业水功能区纳污总量进行核定，严格排污口设置和排污量的管理，并对污染农业水源责任人进行查处追责，对受损农民用水户落实污染补偿，促使水功能区水质满足农业灌溉用水水质要求。④实施农田水利工程建设，加强新建灌区和灌区节水改造工程建设，实施病险水库除险加固工程。⑤建立合理的联合调度机制，由地市水行政主管部门和流域管理机构总体负责，制定科学合理的用水调度方案，实行统一指挥、统一调度、统一管理，做到计划用水、节约用水，切实提高灌溉取水的可靠性。⑥组织实施水行政管理体制改革，建立事权清晰、权责一致、规范高效、监管到位的水行政管理体制，同时加强对基层水管单位的工作监督，促进农业水资源科学管理。

4. 地方政府及相关部门、机构

地方政府对当地农业用水安全保障承担主要责任，应积极统筹城镇化、工业化和农业现代化之间的关系，协调好各行业各部门之间的水量分配，落实各部门的责任和任务分工。地方发改委负责统筹协调区域城镇化、工业化发展与农业用水保障的关系，指导和协调与农业用水保障相关的政策、规划和计划的制订；财政部门负责区域农田水利建设及相关水利改革发展资金的落实；农业部门负责区域耕地保护、农业发展规划和政策制定等；地方环保部门需要配合农业水质的保护，减少城市和工业等污染源对农业水源的污染。相关地方金融机构则应根据国家有关要求，加强对农田水利建设的投融资服务，加大农田水利基本建设贷款投放力度，对农田水利建设加强金融支持。

5. 水管单位

水管单位作为直接的农田水利管理部门，对落实农业用水保障具有重要的作用。具体工作主要包括：①在保障农业用水水权方面，供水单位应按照水权分配指标输送足够的灌溉水量到农民用水户，保障用户的水权，在发生水权转让时，水管单位应严格按照农业用水转让审批文件的要求控制农业用水转让水量，督促受益企业或城市落实水权转让补偿，充分保护农业用水和农民的权益；②在节水方面，灌区应根据群众用水习惯和作物需水规律，本着“计划用水、节约用水”的原则，安排供用水计划，加强灌溉用水计量，努力推广节水灌溉技术，指导农民改变传统粗放的用水模式；③在保护农业用水水质方面，水管单位应加强灌溉水源和河沟渠道的水质监测，负责灌溉渠系的水污染管理，防止沿途企业及居民污染灌溉用水；④在工程建设方面，灌区负责承担水源工程、渠系工程、田间工程的建设、运行、改造和维护，做好蓄水、引水、保水、输水工作，完善灌溉、除涝和防治盐、渍灾害等设施建设；⑤在调度管理方面，加强来水精确预报，实施用水优化调度，根据预报信息，及时掌握来水情况和灌区需水情况，制订和优化用水计划，确保农田灌溉供水。

6. 农民用水户协会

首先，农民用水户协会应作为农民的代言人，解决农村水利管理“主体”缺位的问题，推行农民用水自治，坚持“民办、民管、民受益”的原则，对农户情况及用水情况进行登记，召开用水户代表大会，与供水管理单位签订供用水合同，协调农户与水管单位之间并调解农户之间的用水矛盾，从根本上维护农业用水权益。其次，引导农民用水户协会参与支渠以下田间工程的整治维护和管理。目前，大中型灌区骨干工程不断完善，为灌区良性运行奠定了很好的基础，但是

一些灌区的末级渠系仍存在设施不全、灌溉不畅的问题。农民用水户协会可作为末级渠系工程产权主体和建设、运行管理的主体，积极参与农田水利基本建设，参与田间工程的整治维护与管理。同时，努力提高农民用水户协会综合管理能力，加大教育宣传力度，提高农民节水意识，提高农业节水水平和灌溉用水保证率。

7. 农民用水户

广大农民用水户是农业用水的主体，应引导他们积极参与农业水资源的管理，并在用水管理中合理、合法地保护自身权益。同时，培养用水户科学灌溉、节约用水的意识，培训农民掌握先进的灌溉技术，提高用水效率，在保障粮食安全的前提下最大限度地节约用水。

8. 工业企业和城镇用户

与农业发生水权转换关系的工业企业和城镇用户，应根据国家有关法律法规、政策和当地的水资源条件，科学、有序、规范地参与农业水权的转换，并履行补偿义务。补偿的形式，可以由工业企业和城镇用户通过投资，实施农田灌溉设施的节水升级和改造，将节约下来的水用于工业和城市，同时对农田灌溉设施进行适当的管理和维护，促进节水持续进行；还可以采取由工业企业和城镇用户拿出水权转让后的部分用水收益，补偿给受损的农业用水户，再由农业用水户来决定改善农业灌溉条件的方式。不管采用何种形式，都应使农业生产不受较大的影响。

9. 社会力量

依据2012年水利部《鼓励和引导民间资本参与农田水利建设实施细则》，鼓励和引导社会资本参与灌区沟渠及其配套设施、机电排灌站、农业高效节水灌溉工程等建设。

应充分发挥高等院校和科研院所等机构的科技优势，支持科技创新，促进高新技术转化为实际生产力，鼓励通过科技创新促进农业水资源高效利用。

另外，还需要引导社会公众提高节水意识，将节水渗透到日常生产、生活中。同时发挥监督作用，促进全社会提升节水能力，减少对水资源的占用，缓解城镇、工业与农业用水的竞争性矛盾。

五、分区域重点任务

各区域水土资源禀赋、城镇化和工业化发展程度各不相同，需根据各区域特点，分别确定各区域农业用水保障的重点任务。

（一）黄淮海地区

黄淮海地区水资源极为短缺，农业用水在很大程度上依靠地下水。随着区域城镇化、工业化的快速发展，生活、工业和生态用水的不断增加大量挤占了农业用水，各行业用水竞争较为激烈。与此同时，由于黄淮海地区水资源开发利用程度过高，高耗水、重污染的工业企业在区域内仍广为分布，水污染形势十分严峻。针对黄淮海地区城镇化和工业化进程中农业用水存在的主要问题，确定其重点任务为以下四个方面。

（1）资源确权，保障总量。为了防止城镇化和工业化发展对农业用水权的进一步侵占，黄淮海地区农业用水保障最关键的措施是资源确权，保障农业用水的总量。另外，还要积极开源，除了常规的地表与地下水源，还应加强非常规水资源的安全利用，大力提倡合理利用雨洪、再生水和微咸水资源，大力发展调亏灌溉技术，加强广义水资源的利用。南水北调工程是缓解北方地区尤其黄淮海流域缺水的一项战略性基础设施工程，其中东线调水可以缓解黄淮海平原东部地区的缺水问题，中线工程可以缓解京津华北平原中西部的缺水问题。该工程通水后，在保证城市发展需水的同时，将逐步置换目前受挤占的农业及生态用水，利用丰水年增加北调水量，增加农业、生态用水量。对于地下水超采的农灌区要逐步实行水源替代，实现地下水压采和农业水资源可持续利用。

（2）加强节水改造。针对黄淮海地区农田水利现代化程度不高、农业灌溉条件仍然比较薄弱、灌溉设施配套不足、灌溉供水保障能力不强等问题，需要加强节水灌溉工程的建设与维护，并将灌区节水改造在大型灌区续建配套与节水改造的基础上进一步推广至中小型灌区：一是加快大型灌区骨干工程改造步伐，继续实施大型灌区的续建配套与节水改造，全面实施大型灌排泵站更新改造；二是加大大型灌区田间工程配套力度，全面开展大型灌区田间工程配套改造，重点解决末级渠系配套不全的问题，努力恢复失灌面积；三是实施中型灌区更新改造，全面改造中型灌区，着重解决水源供水能力不足、输水渠道不畅、灌水设施不配套的问题；四是加强小型农田水利工程建设，坚持因地制宜、分类指导的原则，对小型引水灌溉工程进行改造加固、修复配套，适度新建小型灌溉工程。

（3）加强污染防治，科学发展再生水灌溉。黄淮海地区的主要河流和浅层地下水的水环境质量，与全国其他地区相比相对较差。因此，应加强农业灌溉水源污染的防治。一方面，加强排污口的科学设置和严格管理，向河流排放工业废水和城镇污水，应当保证其下游最近的灌溉取水点的水质符合农田灌溉水质标准；另一方面，应加强对再生水灌溉标准和再生水灌溉技术的研究，利用再生处理后的工业废水和城镇污水进行灌溉，应防止污染土壤、地下水和农产品，保证生态环境安全和粮食品质安全。

(4) 地表水地下水联合调度。对于黄淮海地区地下水已经严重超采的现状，需要合理配置地下水资源，在地下水尚有一定开发潜力的地区，可充分利用“地下水库”，将井渠结合作为重要措施，开展地表地下水资源联合调度，在控制地下水位采补平衡的前提下，满足灌溉用水需求。

(二) 西北地区

西北地区城镇化、工业发展水平落后，传统农业比重较大，农业用水比较粗放。随着城镇化、工业化的大力发展，非农业用水需求不断增加，适当转让一部分农业用水给城市和工业，是农业文明向工业文明发展过程中的必然趋势。但农业用水水权的转换需要加以规范，建立健全相应的补偿机制，充分保障农业的权益。针对西北地区城镇化和工业化进程中农业用水存在的主要问题，确定其重点任务为以下三个方面。

(1) 规范水权转换，促进“三化”协调发展。西北地区目前农业用水占总用水量的比重远高于城市和工业用水量之和所占的比重。随着城镇化、工业化的进一步发展，部分农业用水的用途将会发生转变，加强水资源使用权管理及转让是未来西北地区农业水资源管理的重要趋势和方向，完善农业水资源使用权转让补偿机制是极其必要的，它是提高节水主体节水积极性的经济基础。采取的补偿方式常常包括水权收益的工业企业对农业用水和节水进行一次性投资、对农业用水和节水的日常管护进行投资、对农业用水和节水的大修大补进行补贴等多种补偿方式。在西北地区的水权转换过程中，需要建立起标准的程序，完善相关的法规制度，从法律上保证在水权转移的过程中灌溉节水投资得以增加，以真正实现农业节水。

(2) 通过水资源优化调度提高供水保证率。西北地区水源单一，以地表水供水为主，在地表水供水工程中，蓄水工程又较少，因此在需水高峰时段农业供水保证率不高，需要加强水资源优化调度以提高供水保证率。在各省或各地之间，需要制定和落实水量分配方案，对上下游水量实行统一调配，避免因上游过量用水而导致下游无水可用；在明确各地区农业用水总量和灌溉用水定额控制指标的前提下，立足于挖掘本区的潜力，对本区水资源进行优化配置。针对设施农业及时段供水保证率要求高的作物，加强水资源的优化调度，提高供水保证率。

(3) 改变粗放的灌溉方式。大力推行节水灌溉工程和技术，改变现有的粗放式灌溉方式。自流灌区改造以渠道防渗为主，提水灌区可适度发展管道输水；井灌区应控制地下水开采量，大力发展低压管道输水灌溉；丘陵山区大力发展雨水集蓄利用，解决口粮田和果园的补充灌溉问题。特色经济作物种植区大力发展滴灌；山前区优先发展自压喷灌。

(三) 东北地区

东北地区水资源相对丰富，水土资源比较均衡，农业规模化种植已成趋势，但水资源和土地资源的开发利用率相对较低，农田有效灌溉面积还有较大的增长空间。东北地区是我国三大粮食主产区之一，在《全国新增1000亿斤粮食生产能力规划》中，承担新增粮食产能任务150.5亿kg，占全国新增产能的30.1%，其中吉林正在实施《吉林省增产百亿斤商品粮能力建设总体规划》，黑龙江也在实施和推进千亿斤粮食产能工程，这对农业用水保障提出了更高的要求。针对东北地区城镇化和工业化进程中农业用水存在的主要问题，确定其重点任务为以下两个方面。

(1) 加强灌溉骨干工程建设，扩大灌溉面积。东北地区承担着国家粮食增产任务将近30%，保障粮食基地建设的任务较重，水土资源较为丰富，因此要大力加强灌溉工程的建设。首先，要加强大中型灌区及配套工程建设，加大灌区骨干工程和田间配套工程建设力度，扩大地表水灌溉面积。其次，适度新建水源工程。在水土资源条件匹配地区，适度兴建蓄引提工程，增加灌溉供水，发展农田有效灌溉面积。加快松嫩平原尼尔基等引嫩扩建灌溉工程以及吉林大安灌区、五家子灌区、松原灌区等工程建设，完善水资源配置网络体系，建设旱涝保收标准农田。

(2) 适应土地规模化经营，发展节水灌溉。针对东北地区人均耕地较多，农田有效灌溉面积又偏低的情况，适度发展规模化、集约化土地经营模式。通过土地流转，成立家庭农场、公司经营或农业大户经营等模式，以多元化投资方式，改进灌溉设施和加强配套的水利工程建设，进行高标准配套节水工程建设，集中连片发展高效节水灌溉工程，提高灌溉的保证率，从而利于实施集约化经营、规模化生产、机械化作业、产业化管理。通过推进土地规模化、灌溉节水化、作业机械化、生产标准化、管理组织化，实现工程、农艺、管理节水，并推进由传统农业向现代农业的转变，从而保障东北地区的节水增粮行动顺利实施。

(四) 南方地区

南方地区水资源相对丰沛，水资源量占全国总量的80%，但总体上农业用水效率不高。同时，部分区域如西南地区由于受地形条件限制，尚未建立有效的水源配置工程体系，工程性缺水问题比较突出，农业灌溉保证率不高。另外，由于部分地区城镇化、工业化水平较高，局部水源污染问题较为严重。针对南方地区城镇化和工业化进程中农业保障存在的主要问题，确定其农业用水保障的重点任务为以下三个方面。

(1) 加强工程建设，通过水源工程和水系连通工程建设，提高农业用水保障程度。针对南方地区工程型缺水问题，为了增加抵御重大干旱的能力，改善水资源配置格局，一方面，需要推进西南等工程性缺水地区的重点供水工程建设，积极推进重大骨干工程前期工作，如贵州黔西北供水骨干工程，加快西南地区“润滇”、“泽渝”、“兴蜀”、“滋黔”等工程建设步伐，加快实施中型水库建设规划，在西南盆地、平坝水源条件丰沛地区，结合新建水源工程配套发展一批中小灌区；另一方面，大力加强小型工程建设，包括渠渠（库、塘）连通工程、小型水源工程等，同时对小水库、小塘坝等蓄水工程进行清淤扩容、整修加固，积极兴修小型蓄水、引水、提水工程，维修灌溉设施，不断完善农田灌溉体系。通过工程的实施，构建“人水和谐”的农田水网体系，提高水资源调控和供水保障能力，达到水资源优化配置及高效利用的目的。

（2）加强灌区配套工程建设和管理维护，提高用水效率。虽然南方地区的水资源较为丰富，但是水资源利用效率，显著低于全国平均水平，因此应积极推进灌区配套工程建设，完善灌溉系统，着力改造中低产田。大中型灌区节水改造以渠道防渗为主，提高渠道防渗率，小型灌区以推广 U 型混凝土衬砌渠道为主，有条件的可发展低压管道输水灌溉。稻作区推广水稻控制灌溉技术。丘陵山区利用小水源或提水发展旱作物喷灌、微灌技术。推进粮食主产区高标准农田建设，促使小型农田水利重点县建设基本覆盖农业大县。同时，加强灌溉工程的管理维护，包括工程的养护、岁修、大修、抢修等，提高农田水利设施的利用效率，扩大灌溉工程的效益。

（3）局部地区水污染防治。针对南方地区局部地区严重的水污染问题，落实排污许可制度，建立和完善重点水污染物排放总量控制制度。区别对待排放量较大的常规污染物和有毒有害污染物，针对前者排放量大的特点，严格控制企业污染物排放总量，对严重污染的企业实行关停；对于后者，一律严禁企业排放。加强对工业污染、城镇生活污染的防控，提高工业废水排放达标率，减少对农业水环境的污染和对农业生态的破坏；依法查处违规排污，保障农业用水水质安全。

第六章　政策建议和保障措施

保障农业用水，需要制定并贯彻落实一系列配套的政策措施。本章通过对保障农业用水当前情势的认知，提出我国保障农业用水的政策建议和保障措施。

一、政策建议

我国目前正处在农业用水保障的攻坚阶段。保障农业用水需要全面贯彻落实改革开放以来制定的一系列兴农惠农政策，以及新世纪以来聚焦“三农”问题的历次中央1号文件，坚持“城市支援农村，工业反哺农业”的方针；遵循党的十八大和十八届三中全会精神，在建立“以工促农、以城带乡、工农互惠、城乡一体”的新型工农城乡关系的大框架下，紧跟城镇化、工业化、农业现代化“三化”协调发展的新形势，从水量、水质、效率、结构等多角度以及法律、政策、资金、管理、技术、机制等多个方面落实对农业用水的保障，从而保证我国的粮食安全和农业生产。

（一）法律法规方面

目前，以《水法》为核心的水法规体系基本建立，各项涉水事务管理基本做到有法可依，为推动水利改革发展奠定了坚实的制度基础。与此同时，我国经济社会迅速发展，法治建设加快推进，各项改革不断深化。党的十八大以来，城镇化、工业化、农业现代化协调发展的要求对发展现代农业、保障粮食安全提出了更高要求，同时也对保障农业用水提出了更高的要求，需要继续健全水法规体系，以适应新形势和新发展。根据保障农业用水的要求，水利部应加强与立法部门的沟通，在2015年前完成论证、起草并争取出台农业节水、灌溉设施保护及农业水权转让方面的相关法规或部门规章，同时把明确农业水权、实施用途管制等八项任务包含到水法规体系建设中去。从法律法规层面确立农田水利建设的长效机制，如明确农田水利工程规划和建设、农田水利工程管理维修和养护、农田水利工程使用、农田水利违法行为等的法律范畴和法律责任；从农业节水政策、农业灌溉系统改造、农业灌溉技术推广、农业节水设施建设等层面提出加强节水型农业建设相关内容；明确农业水权确立和转换的基本原则、用途、转让限制范围、农业水权转换的规范程序、相关部门的监督管理职责等。

（二）政策制度方面

1. 深化落实最严格水资源管理制度

全面落实最严格水资源管理制度，对农业用水总量、农业用水效率和农业用水水质加强管理，全面保障农业用水。

农业用水总量方面，在不突破国家和区域用水总量控制红线的前提下，充分保障农业用水。在节水潜能充分发挥和替代性水源充分考虑的基础上，结合农业发展的需求，建议根据《全国水中长期供求规划》，保障2020年农业用水量达到3998亿 m^3，2030年农业用水量维持3956亿 m^3。

在农业用水效率方面，加强农业用水定额管理，提高农业用水效率。鼓励企业和个人投资兴建农业节水设施，落实和健全灌区水管单位的农业用水“超罚节奖”等相关办法，在水资源短缺地区鼓励发展旱作农业并限制发展高耗水农作物等。

在农业水污染防治方面，要加强宏观控制，完善排污许可制度，对重点水污染物排放实施总量控制制度。农业灌溉用水水质应严格满足《农田灌溉水质标准》，向农田灌溉渠道排放废污水，应保证其下游最近灌溉取水点的水质符合标准。对污染农业用水水源的企业或个人，应追究其法律责任，对于造成严重后果的，应追究刑事责任。对农业自身产生的面源污染防控也要提出相关的政策，对严重破坏水源安全者，实施相应处罚。

2. 明晰产权，理顺关系

党的十八届三中全会提出要健全自然资源资产产权制度和用途管制制度。农业水资源作为一种重要的自然资源也需要推进其确权登记，形成归属清晰、权责明确、监管有效的水权制度，从而强化农业水资源的节约使用。首先要明确农业水资源的归属。在水资源的所有权归属国家所有的基础上，明确农业水资源的使用权。针对我国目前很多地区正在开展的水权流转实践，要保障农业用水权益。其次，在水权转换过程中，政府要从关注工业发展和地区经济的片面视角，上升至“以工促农”的层面。加强对弱势产业的保护，确保水资源转换过程中农业节水资金的投入，从而保证农田水利工程的建设和农业节水水平的提高。

理顺农田水利基础设施产权关系，深入推进小型农田水利工程产权制度改革。按照“产权明晰、责任明确、管理民主”的思路推进农田水利工程产权制度改革。政府投资的大型和中型农田水利工程、设备，归国家所有；政府资金和社会资金共同投资的大型和中型农田水利工程、设备，按照出资比例确定共有份额，归国家和投资人共有。依照《关于深化小型水利工程管理体制改革的指导意见》（水建管［2013］169号），明晰小型农田水利工程产权；按照“谁投资、谁所有、谁受益、谁负担”的原则，落实小型农田水利工程产权。个人投资兴建的工程，产权归个人所有；社会资本投资兴建的工程，产权归投资者所有，或按投资者意愿确定产权归属；受益户共同出资兴建的工程，产权归受益户共同所有；以农村集体经济组织投入为主的工程，产权归农村集体经济组织所有；以国家投资为主兴建的工程，产权归国家、农村集体经济组织或农民用水合作组织所有。根据土地流转和农业生产经营方式变革的新形势，积极探索小型农田水利设施产权改革和运行管护机制创新的新途径。在明晰农田水利工程的产权上，落实管护主体和责任。

3. 深化体制改革，规范协会建设

首先，需要深化国有水利工程管理体制改革，落实好国有水利工程管理单位的定性问题（公益性、准公益性水管单位等），实行“收支两条线”管理。凡纳入“收支两条线”管理的人员，按照编制实名制管理规定确定水管单位在编人员和非在编人员，对其定岗定编。实行“收支两条线”管理后，公益性、准公益性水管单位的公用经费按现行政策规定，纳入地区财政预算。

其次，还需要加强用水户协会规范化建设。在明晰各区县和各灌区农业用水水权之后，由县级以上人民政府或其授权的部门颁发权属证明，明确用水户协会的维护农业用水权益的责任。同时，通过农田水利工程产权制度改革，将配套完善的末级渠系工程产权（或使用权）移交给完成规范化建设的农民用水户协会管理，并落实管护责任，有效解决农业末级渠系管理缺位问题。通过用水户协会的规范化建设，改善农业灌溉用水秩序，减少水事纠纷。

（三）资金支持方面

坚持把公共财政投资作为农田水利投入的主渠道，实现投入主体的多元化；合理划分中央、省、市、县四级主体在农田水利建设中的事权，实现资金投入的多层次；形成多样化融资方式，实现资金来源的多渠道。

1. 创新公共财政投入机制

一是加大各级财政投入，大幅度增加农田水利建设补助专项资金规模。中央财政要把水利作为投资重点，继续加大投入；省级财政要优化支出结构，增加对农田水利建设的投入。提高水资源费征收标准，从征收的水资源费中每年安排资金用于农田水利建设。

二是确保各级政府土地出让收益优先用于支持农田水利建设。加快落实中央提出的“从土地出让收益中提取10%用于农田水利建设”的政策规定。考虑到各地政府土地出让收益规模与承担的农田水利建设任务的不对称性，需要中央集中一部分土地出让收益，用于支持粮食主产区发展农田水利。

三是建立农田水利经常性管护资金财政补助机制。将农田水利维修和更新改造经费列入中央和地方财政经常性支出，在县级财政设立农田水利维修基金。各地根据农田水利维修、更新的实际需要，由有关部门在专项基金中安排资金及时进行维修和更新。

四是建立农田水利项目资金整合机制。水利资金渠道多、主管部门多，涉及水利、农业、农业综合开发、国土、扶贫等部门和单位。要总结推广农田水利建设资金整合经验，既要立足现有体制环境，坚持以县级水利发展规划为基础，推进水利建设资金整合，也要鼓励各地积极探索多种层次、多种形式的水利资金整合的有效途径，打造资金整合平台，引导农发资金、配套资金、以工代赈、土地治理等资金整合，通过项目的实施带动水利建设资金的集中使用，提高水利资金运用效率。制定国家农田水利建设规划，通过规划整合使用资金，落实资金使用计划，落实各部门在规划实施中的任务。

2. 加大金融对农田水利的支持力度

国家开发银行和中国农业发展银行作为政策性银行，承担着为国家基础设施、基础产业和支柱产业提供长期资金支持的任务，包括为农业和农村经济发展服务。其中，农林水利设施也是其主要业务领域和贷款支持重点。国家开发银行已经与水利部签署了加强对水利建设金融支持的意见。在此基础上应积极探索通过政策性金融获得资金支持农田水利建设项目的新路子。建立健全财政与金融相结合的投入机制，在资金来源、税收优惠、财政贴息、监管标准等方面对承担农业政策性金融业务的机构实行差别化政策，发挥政策性金融机构的信用放大功能，为农田水利建设提供中长期融资支持。

对商业银行贷款进行贴息补助，贴息资金由国家财政提供。扩大水利项目财政贴息的范围，延长贴息期限。对农田灌溉工程和灌区技改工程，实行无息或低息贷款优惠，对无息项目实行财政担保，对低息项目实行财政贴息。

积极利用国外政府和国际金融组织贷款，对于低息、长期的优惠国外贷款，应更多地安排用于农田水利项目的建设。

3. 广泛吸引社会资金参与农田水利建设

一是积极利用股权、债权融资、项目融资等新型融资模式。长期水利建设债券是项目融资，可以有多种方案，但最基本的特点是国家担保、在构建水利出资人后由企业融资平台发行、市场融资、期限长、规模大、渠道稳，实质上长期水利建设债券具有准国债性质。可以以农田水利工程建成运行的收益偿还本息，不足部分可以使用水利建设基金、水资源费等还本付息。要正确进行政府和市场的定位，促进政府与私人部门的分工合作。

二是以农田水利产权改革为切入点，吸引社会资本投入。以农户自用为主的小、微型农田水利工程，要明确产权归农户所有；对受益户较多的农田水利工程，相关设施归用水合作组织所有；政府补助形成的资产，归项目受益主体所有。允许农田水利设施以承包、租赁、拍卖等形式进行产权流转，吸引社会资金投入。明确和细化市场准入范围，为私人资本投资经营性农田水利项目提供完善的制度保证。同时，应该健全并且创新补偿机制，通过合理提高水价等方式，提高私人投资收益，逐步形成投资、经营、回收的良性循环。政府对其经营活动还需给予必要的管制和引导，并在必要的情况下提供政府补贴、税收优惠等政策支持。

三是规范“一事一议”制度，提高农民参与积极性。对分散的农田水利，加强村集体的组织能力，实行参与式建设和管理，提高农民参与农田水利的积极性和主动性。用足用活“一事一议”政策，积极引导群众参与到改善自身生产生活条件的农田水利建设中来。对通过“一事一议”农民自愿积极集资、投工投劳兴建开展的村内农田水利设施建设，各级财政给予奖补，并提高中央财政奖补标准。

（四）运行管理方面

1. 推进骨干工程良性运行

推进农田水利骨干工程的良性运行，需要加强安全运行管理和维修养护管理。在安全运行管理上，落实农业灌溉水源工程（如水库）、输水工程（如灌溉渠道）等骨干工程管理责任制，配备工程蓄水、安全监测、管理职责及运行管理人员，不断强化工程的日常管理；编制骨干工程的调度运行规程和安全管理应急预案，加强骨干工程的科学调度和风险管理，确保工程的运行安全。在维修养护管理上，依据财政部颁布的《水利工程维修养护定额标准》测算数，并结合水管单位年度维修工程计划确定各水管单位维修养护经费，实行项目管理。积极推进骨干水利工程管养分离，实现维修养护市场化、集约化、专业化和社会化。同时进一步根据各地区情况因地制宜地建立和完善用水计划协商制度、水情测报制度、用水交接制度、调度例会制度、工程维护岁修制度等相关制度。

2. 加强田间工程管护

在田间工程运行管理上，需要在落实《关于深化农田水利管理体制改革的指导意见》的基础上，全面推广节水灌溉制度和合适的灌水技术，推广、采用成熟的节水灌溉制度、灌水方法，例如，水稻的浅湿薄晒、间歇灌溉、浅灌适蓄等灌水技术；小畦、短沟等旱作灌水技术等。加强田间末级渠系工程及滴灌、喷灌等节水设施的维护、修缮和运行调度，加强渠系的清障和用水的观测及计量，严格按照规范安全运行，并定期对田间工程运行情况进行记录，落实田间工程管护责任，发现故障及时排除。

（五）技术推广方面

1. 节水技术研发和推广

农业要走以水定需、量水而行、因水制宜、高效节水的产业发展道路。在节水灌溉技术研发方面，各级地方政府要推进农业科技创新的决策和部署，在财政资金中安排一定的资金用于节水灌溉技术的创新和示范，加强节水灌溉基础研究，强化原始创新能力；同时，应发挥高等院校和科研院所等科研机构的科技优势，支持科技创新，加大科研对农业水资源保障的支持力度，科研机构增强对农业节水增产技术的指导，鼓励通过科技创新带动农业高效用水。在节水技术推广方面，因地制宜大力推广普及高效节水灌溉技术和设备，提高农业用水效率。大力发展节水灌溉，推动农业节水增效技术的综合集成和规模化、产业化发展。促进农业节水科技成果转化，规范农业节水灌溉材料设备市场秩序。

2. 信息化技术推广

加强农业用水的外部技术支撑，推进灌区信息化建设。根据党的十八大“四化”协调发展的要求，按照《全国水利信息化发展“十二五”规划》和2012年全国水利信息化工作会议的安排，进一步推进农田水利信息化发展，加强农田水资源的优化配置和科学调度。在国家层面，需要夯实农田水利信息网络基础，不断完善农田水利信息网络；夯实农田水利通信基础，夯实信息资源开发利用基础，尽快启动中央、流域、省各级农田水利数据中心建设；夯实新技术应用基础，积极探索物联网在农田水利业务中应用，逐步采用云计算、大数据等新技术，开展农田水利信息化资源的整合，积极开展国家卫星资源在农田水利业务领域的应用攻关。在地方层面，基础设施建设方面加强农田水利信息采集，进一步扩充信息采集的地域、水域覆盖范围，丰富采集信息种类，提高信息采集的自动化程度；业务应用系统建设方面，加强农田水利数据中心的建设，建立统一应用服务平台和综合服务系统。在灌区层面而言，需要加强灌区信息化建设，包括加强灌区基础数据的采集和数据库的建设、推进灌区供用水实时调度系统、用水管理决策支持系统和渠系自动化系统等建设，加强灌区的信息共享和信息服务。另外，还需要制定农田水利信息化相关的技术标准，加快农田水利管理信息化建设步伐，提高管理水平。

（六）农业水价改革方面

针对当前农业水价改革存在的问题，应以明晰水权、定额管理为前提，以完善计量设施为基础，以创新水价机制为核心，全面推进农业水价综合改革，提高农业用水效率和效益，降低农民水费支出，促进农业增产、农民增收和农村发展。

1. 做好推进农业水价综合改革的基础性工作

一是科学制定用水定额，加强定额管理。农业用水实行计划用水，科学制定和完善用水定额并全面推行。把建立农业用水总量控制和定额管理制度作为实施最严格水资源管理制度的着力点，推行“总量控制、定额管理、水权流转、水价调节”的办法。

二是明晰初始水权。以行业用水定额为依据按照流域、区域、灌区、农户自上而下逐级明确初始水权，逐级逐步把农业灌溉用水的初始水权配置到亩、明晰到户，由水行政主管部门颁发水权证书，保障农业用水户的用水权益。

三是完善计量设施。以农田水利建设规划为依据，各级政府要多方筹集资金，增加对末级渠系改造和计量设施建设的投入，加快灌区改造步伐，改善末级渠系和计量设施状况。

2. 推进农业水价综合改革

一是探索推行超定额累进加价制度。水资源紧缺、农业供水计量设施较为完善的大型灌区探索实行灌溉定额内农业用水享受优惠水价、超定额用水累进加价的办法，可先行进行试点，后逐步推广。

二是进一步推行终端水价制度。要本着“多予、少取、放活”的方针，将农业末级渠系水价纳入政府价格管理范围，按照产权性质实行政府定价或政府指导价。计量设施完善的大中型灌区要率先推行“骨干工程水价+末级渠系水价”的终端水价制度，积极推进农业供水计量收费，逐步做到“配水到户、计量到户、记账到户、收费到户”。各级价格主管部门、水行政主管部门要在明晰产权、清产核资、控制人员、约束成本的基础上，按照补偿末级渠系运行管理和维护费用的原则，依据相关规定合理核定末级渠系水价。

三是加强成本约束。水管单位要通过合理定编、科学设岗、节能降耗、细化管理等措施，加强供水成本控制，并逐步推行成本公开。水行政主管部门要加强供水成本核算，约束供水成本不合理增长。价格主管部门要强化供水成本监审，要在供水成本中核减水管单位的财政补助和多种经营成本，依据相关规定审核供水成本。

四是进一步理顺农业水价。各地要根据水资源状况、水管单位运行情况和农业用水户水费承受能力等实际，按照“补偿成本、合理收益、公平负担、促进节水”的原则，适时适度调整、理顺农业水价，并把握好农业水价调整的节奏和力度，确保调整后的农业水价平稳实施。

五是进一步加强水费计收和使用管理。进一步完善和全面推行“计量供水、配水到户、收费到户、开票到户”的水费计收办法，健全水价、水量、水费“三公开”制度。

二、保障措施

（一）组织领导

加强组织领导，将农业用水保障目标列入政府考核目标。完善以行政区域为单元的农业用水保障责任制，逐步推进将“保障农业用水”融入地方政府最严格水资源管理的考核目标之中。完善考核评价机制，通过政府效能目标的管理、考核及奖惩，推行“以奖代补”等方式，建立农业用水保障任务时时有人抓，事事有人管的良好工作氛围。健全部门分工协作制度，使发改委、财政、水利、农业、环保等各相关责任单位任务明确，同向同力，实现各相关责任单位信息互通，问题及时反馈解决，意见建议得到及时落实的良好工作格局，形成上下互动，多方协同的长效工作机制，确保农业用水负责制落到实处。

（二）完善规划

在规划层面，加强农业用水保障的顶层设计。在与国民经济总体规划相适应和其他综合或专业规划相协调的基础上，加强面向农业用水保障要求的相关规划的编制，如灌区发展规划、节水灌溉等相关的专业规划等，促进农业用水保障。

在区域或流域的综合规划中，充分考虑“三化”协调发展战略的用水需求，依据区域或流域最严格水资源管理的红线，在地区和行业间进行水资源合理配置，在配置时充分考虑区域农业用水。缺水地区的灌区建设规划需要突出节水，实行节水优先，保障农业水资源的可持续利用。坚持统一调度、分区管理的用水理念，充分调动科技人员参与节水灌溉规划的设计、技术咨询、信息服务的积极性，实现灌区的良性发展。

在城市、工业等区域的专项规划中，充分考虑农业用水的安全。在制定这些相关专项规划时，需要加强规划项目水资源论证制度，要在区域水资源科学评价、未来用水规模及用水定额合理核定的基础上考虑城镇、工业、生态等发展，避免加剧城市和农村的用水争端，避免进一步挤占农业用水。

（三）人才培养

一方面，要加强农田水利高端人才的培养。加强农田水利高层次专业技术人才的培养，选派高层次人才服务基层农田水利建设，提升农业用水保障和管理的整体科技水平，通过高端人才将最新的农田水资源管理理念和最先进的农田高效用水技术应用和推广。

另一方面，要加强农田水利基层人才的培训。全面加强乡镇水利站、农民用水户协会和抗旱服务队等基层水利服务体系建设。建立和完善基层农田水利人才培训体系，建立起长效的基层水利专业技术培训机制，如进行农业用水等相关的专业培训等，全面提升基层农田水利队伍素质，为农业用水保障和农田水利事业发展奠定坚实基础。

另外，还需要加强后备人才培养，包括农田水利及信息化等专业的大专院校学生（如本科生、研究生等），鼓励他们发挥科研优势，加强农业用水相关的理论和技术研究。国家也需要通过加强水利行业部门的政策倾斜和资金投入，在就业意向上引导更多有志青年投身于农田水利建设事业，避免地方农田水利等相关部门出现“青黄不接”的现象。

（四）加强宣传

一方面，在城镇化和工业化发展过程中，要加强对农田水利工作重要性的宣传，提高全社会对保障农业用水重要性的认识。水利是农业的命脉，要在全国范围通过各种媒体宣传农田水利对国民经济发展的基础作用，树立重视农业水资源的基本认知，提高全社会对农业用水的忧患意识。

另一方面，加强农业节水宣传，增加农民的节水意识。农民是农业节水的直接实施者，提高广大农民的节水意识，更有助于农业节水措施的落实，从而从根本上实现农业节水，保障农业用水安全。

参考文献

财政部，水利部.2011.关于从土地出让收益中计提农田水利建设资金有关事项的通知.

财政部，水利部.2011.中央财政补助中西部地区、贫困地区公益性水利工程维修养护经费使用管理暂行办法（财农［2011］463号）.

财政部，水利部.2012.关于中央财政统筹部分从土地出让收益中计提农田水利建设资金有关问题的通知.

财政部，水利部.2013.中央财政统筹从土地出让收益中计提的农田水利建设资金使用管理办法.

曹志宏，梁流涛，郝晋珉.2009.黄淮海地区社会经济空间分异及集聚发展模式.地理科学进展，6：984-989.

车升国，左余宝，林治安，等.2011.黄淮海地区地下微咸水资源农业灌溉模拟研究.农业环境科学学报，3：611-615.

车莹.2006.长三角工业化与城市化互动发展的理论与实证研究.南京：东南大学硕士学位论文.

陈晓君，洪非.2010.东北地区农村工业化与城镇化关系的区域差异分析.科技创业月刊，9：3-4.

程叶青，张平宇.2005.中国粮食生产的区域格局变化及东北商品粮基地的响应.地理科学，5：513-520.

丛振涛，姚本智，倪广恒.2011.SRA1B情景下中国主要作物需水预测.水科学进展，1：38-43.

发改委，农业部.2011.全国蔬菜产业发展规划（2011—2020年）.

发改委，水利部.2004.水利工程供水价格管理办法.

发改委.2013.全国老工业基地调整改造规划（2013—2022年）.

方创琳，乔标.2005.水资源约束下西北干旱区城市经济发展与城市化阈值.生态学报，9：2413-2422.

冯保清.2003.农业用水与城市用水转化之初探.水利发展研究，4：42-44.

冯广志.2010.完善农业水价形成机制若干问题的思考.水利发展研究，8：26-33.

高素华，李春梅.2005.北方五省农业结构调整与水资源可持续利用研究.气象，6：71-73.

葛颜祥.2003.水权市场与农业水资源配置.山东农业大学博士学位论文.

工信部.2012.工业节能“十二五”规划.

龚宇，王聪玲，王璞.2008.区域农业用水驱动因子及驱动贡献评估分析-以河北沧州为例.节水灌溉，8：1-4.

国家发展改革委，科技部会同水利部，建设部和农业部 . 2005. 中国节水技术政策大纲 .
国家发展改革委，水利部，住房和城乡建设部 . 2012. 水利发展规划（2011—2015 年）（发改农经［2012］1618 号）.
国家统计局 . 1980~2011. 中国统计年鉴 . 中国统计出版社 .
国务院 . 2006. 取水许可和水资源费征收管理条例 .
国务院 . 2009. 全国新增 1000 亿斤粮食生产能力规划 .
国务院 . 2010. 全国水资源综合规划 .
国务院 . 2010. 中共中央、国务院关于加快水利改革发展的决定 .
国务院 . 2011. 工业转型升级规划（2011—2015 年）.
国务院 . 2012. 国家农业节水纲要（2012—2020 年）.
国务院 . 2012. 国务院关于实行最严格水资源管理制度的意见 .
国务院 . 2012. 节能减排规划（2011—2015 年）.
国务院 . 2012. 全国现代农业发展规划（2011—2015 年）（国发 2012［4］号）.
国务院 . 2013. "十二五" 国家自主创新能力规划 .
国务院 . 2014. 国家新型城镇化规划（2014—2020）.
国务院 . 2014. 中国食物与营养发展纲要（2014—2020 年）.
国务院办公厅 . 2013. 近期土壤环境保护和综合治理工作安排 .
胡和平，雷志栋，杨诗秀 . 1999. 农业水资源的高效利用与可持续发展 . 中国农村水利水电，1：13-17.
环保部 . 中国环境统计年报 . 1997~2012.
黄晶，宋振伟，陈阜，等 . 2009. 北京市近 20 年农业用水变化趋势及其影响因素 . 中国农业大学学报，5：103-108.
姜文来，唐华俊，罗其友，等 . 2007. 黄淮海地区农业综合发展战略研究 . 农业展望，3：34-37.
姜文来 . 2011. 科学定位新形势下的农田水利 . 中国水利报 · 现代水利周刊 .
交通运输部 . 2012. 公路水路交通行业发展统计公报 .
康绍忠，胡笑涛，蔡焕杰，等 . 2004. 现代农业与生态节水的理论创新及研究重点 . 水利学报，12：1-8.
李桂芝 . 2012 年人口发展报告 . 2013 年中国发展报告，99-101.
李俊，李建明，曹凯，等 . 2013. 西北地区设施农业研究现状及存在的问题 . 中国蔬菜，6：24-29.
李树国 . 2012. 快速工业化和城市化对农业生态环境质量的影响研究 . 山东理工大学硕士学位论文 .
李曦，罗其友 . 2002. 我国西北地区的水资源约束与农业结构的战略性调整，农业现代化研究，3：119-221.
李勇，杨晓光，叶清，等 . 2011. 1961—2007 年长江中下游地区水稻需水量的变化特征 . 农业工程学报，9：175-183.
刘杰 . 2002. 农业灌溉用水管理及其使用权转让补偿研究 . 中国农业科学院硕士学位论文 .
刘俊峰 . 2007. 我国城市化与工业化关系的实证研究 . 技术与市场，2：77-79.

刘群昌，谢森传 . 1998. 华北地区夏玉米田间水分转化规律研究 . 水利学报，1：62-68.
刘文，彭小波 . 2006. 我国的农业水资源安全分析 . 农业经济，10：53-55.
马文奎，王建刚，阎永军 . 2009. 海河流域防汛抗旱减灾体系建设 . 中国防汛抗旱，19：117-124.
马晓河，方松海 . 2006. 中国的水资源状况与农业生产 . 中国农村经济，10：4-11.
农业部 . 2004. 农田灌溉水质标准 .
农业部 . 2012. 农业部关于推进节水农业发展的意见（农农发〔2012〕1 号）.
全国节约用水办公室 . 2002. 全国节水规划纲要（2001—2010）.
全国人民代表大会常务委员会 . 2013. 关于修改〈中华人民共和国农业技术推广法〉的决定 .
山仑，吴普特，康绍忠，等 . 2011. 黄淮海地区农业节水对策及实施半旱地农业可行性研究 . 中国工程科学，4：37-42.
山仑 . 2003. 我国节水农业发展中的科技问题 . 干旱地区农业研究，1：1-5.
盛科荣，高越 . 2010. 工业化和城市化对中国农业资源变化的影响 . 东岳论丛，7：38-42.
水利部，财政部，国家计委 . 1995. 占用农业灌溉水源、灌排工程设施补偿办法 .
水利部，财政部 . 2004. 水利工程维修养护定额标准 .
水利部，财政部 . 2013. 关于深化农田水利管理体制改革的指导意见 .
水利部 . 1996~2011. 中国水资源质量年报 .
水利部 . 1997~2011. 中国水资源公报 .
水利部 . 2004. 灌区管理办法 .
水利部 . 2011. 全国大型灌区续建配套与节水改造“十二五”规划 .
水利部 . 2012. 鼓励和引导民间资本参与农田水利建设实施细则 .
水利部 . 2012. 全国水利信息化发展“十二五”规划 .
水利部 . 2014. 水利部关于深化水利改革的指导意见 .
水利部 . 取水许可管理办法 . 2008.
水利部长江水利委员会 . 2006~2012. 长江流域即西南诸河水资源公报 .
水利部海河水利委员会 . 2006~2012. 海河流域水资源公报 .
水利部黄河水利委员会 . 2006~2012. 黄河流域水资源 .
水利部农村水利司，中国灌溉排水发展中心 . 2011. 全国节水灌溉“十二五”规划 .
水利部松辽水利委员会 . 2006~2012. 松辽流域水资源公报 .
宋洪远，赵海 . 2012. 我国同步推进工业化、城镇化和农业现代化面临的调整与选择 . 经济社会体制比较，2：135-143.
田静 . 2012. 新型城镇化评价指标体系构建 . 四川建筑，4：47-49.
童玉芬，李若雯 . 2007. 中国西北地区的人口城市化及与生态环境的协调发展 . 北京联合大学学报（人文社会科学版），1：77-81.
汪传敬 . 2012 年农业发展报告 . 2013 年中国发展报告，11-18.
王凌河，赵志轩，黄站峰，等 . 2009. 黄淮河地区农业水问题及保障性对策 . 生态学杂志，10：2094-2101.
王晓云 . 2006. 农村城镇化进程中的水资源问题 . 河北工业科技，2：131-133.
王义嘉 . 2009. 农村城镇化进程中浙江农村用水结构演变研究 . 浙江水利水电专科学校学报，

4：66-68.
王玉宝，吴普特，赵西宁，等 . 2010. 我国农业用水结构演变态势分析 . 中国生态农业学报，2：399-404.
吴普特，赵西宁 . 2010. 气候变化对中国农业用水和粮食生产的影响 . 农业工程学报，2：1-6.
吴艳，温晓霞，高茂盛 . 2009. 西北地区种植业结构的演变与调整 . 西北农业学报，4：367-371.
许朗，欧真真 . 2012. 淮河流域农业用水问题及保障性对策分析 . 水利发展研究，2：43-47.
杨贵羽，王浩 . 2011. 基于农业水循环结构和水资源转化效率的农业用水调控策略分析 . 水资源管理，13：14-17.
叶慧，李海鹏，王雅鹏 . 2004. 区域水资源禀赋差异与农村产业结构调整 . 中国农村经济，6：33-39.
于润波 . 2005. 加强灌区建设发展规划保障国家粮食生产安全 . 黑龙江水利科技，33：70-71.
余振国，胡小平 . 2003. 我国粮食安全与耕地的数量和质量关系研究，地理与地理信息科学，3：45-49.
袁汝华，孔德财 . 2009. 我国改革开放 30 年水利科技贡献率的测度 . 中国科技论坛，7：20-24.
张明生，王丰，张国平 . 2005. 中国农业用水存在的问题及节水对策 . 农业工程学报，21：1-6.
中共中央十八届三中全会 . 2013. 中共中央关于全面深化改革若干重大问题的决定 .
中国人民银行，国家发展改革委，财政部，等 . 2012. 关于进一步做好水利改革发展金融服务的意见 .
中国社会科学院 . 2012. 城乡一体化蓝皮书 . 北京：社会科学文献出版社 .
中华人民共和国国家标准 . 2005. 农田灌溉水质标准（GB5084—2005）.
朱希刚 . 1999. 农村产业结构调整与农村经济发展 . 农业经济技术，6：6-12.
朱玉春，杨瑞 . 2006. 西北地区节水农业的问题、影响因素及对策 . 开发研究，122：18-21.